都市のクオリティ・ストック

土地利用・緑地・交通の統合戦略

林　良嗣・土井健司・加藤博和
国際交通安全学会　土地利用・交通研究会
編著

鹿島出版会

まえがき

現在の日本の都市ストックは、果たして、将来世代に引き継いでいけるものといえるであろうか？

二〇世紀後半、現在の日本の都市ストックの大半がつくられ、五〇年間で名目の一人当り所得は約七五倍も上昇した。それとともに、公的社会資本についても、河川、道路、港湾、空港、鉄道などの量的整備が飛躍的に進み、さらに一九八〇年代後半からは、美しく将来に残しうるかどうかという、質も考慮されるようになった。

一方、市街地に目を転じると、民間の建物は一世代に一度は建て替えることが常識となっている。日本の住宅は、コンクリート造も含めて平均寿命が三〇年程度しかない。すなわち、一世紀に三度建て替える耐久消費財と見なされているのである。このような常識を持つ国は、他にあまり例がないのではないだろうか？　しかも、ほとんどすべての建物が「単体」として設計され、周囲との調和が重視されていないため、街区という共同創造性の実現単位としての景観はみすぼらしく、多くの都市では、将来に残しうるストックを形成するに至っていない。

また、都市域の緑も重視されてこなかった。都心部近くにまでも低層戸建を許した住宅地は、家屋が密集する緑の少ない中心市街地を創り出してしまった。

広域的に見れば、基幹交通施設が広域緑地を分断し、市街地は郊外まで低密に拡がるようになった。特に自動車が普及した一九七〇年代以降には、鉄道から離れた地域にまで市街地が拡がることで、緑がさらに蚕食されていった。

このような無秩序な土地利用が、人口減少・少子高齢化と経済成熟・衰退が進行していく日本において、都市における生活の質（クオリティ・オブ・ライフ ＱｏＬ）を著しく劣化させていくのではないかというのが、本書の問題意識である。

将来にわたり高いＱｏＬを維持するために必要なことは、都市において、交通、建物、緑地を一体的なストックとしてコーディネートすることである。それは、将来、経済が衰退した後では手遅れであり、今、国を挙げて取り組むべき戦略である。

本書は、このテーマについて三年間にわたって国際交通安全学会において進められてきた研究プロジェクトでの調査・討議を取りまとめて、二一世紀の日本に必要とされる都市につくり変えるために、拠って立つためのビジョンと指針を示そうとするものである。

二〇〇九年七月

林 良嗣

都市のクオリティ・ストック

目次

序章

都市のクオリティ・ストック化の必要性

「成長」から「衰退」への転換によって
建物群、緑地、交通システムの維持が困難となる等、
今後の日本における国土・都市に関連する課題を挙げ、
「都市のクオリティ・ストック化」が必要であることを説明し、
本書の全体構成を述べる。

都市の脆弱性の増大

日本の経済社会は、二一世紀への世紀変わりと時を同じくして、その基調が「成長」から「衰退」へと転換した。一九九〇年代以降には経済成熟の段階にさしかかり、さらに二〇〇五年には、少子高齢化の進展に伴って総人口が減少へと転じた。これによって、国や地方自治体の財政力も今後悪化傾向をたどっていくことが予想される。さらには、自動車への過度の依存によって、住宅や商業施設が都市郊外部に立地し続けることで市街地が拡散し、大都市のみならず小さな村落でもコミュニティが希薄化しつつある。

一方、地球温暖化という制約条件が、都市や国土を計画する際の国際的信義として大きな意味を持ちつつある。地球温暖化の進展による気候の変化が、都市や農村における災害リスクを増大させている可能性も考えられ、その対応も視野に入れておく必要がある。

土地利用全体に目を転ずれば、市街地の拡散に伴って、都市の一部を除いて公共交通が経営的に成立しなくなり、地球温暖化への寄与が大きい自動車に依存せざるを得ないシステムへと移行してきた。人口が減少しているにもかかわらず、市街地の拡散による緑地の侵食・後退が止まらず、ヒートアイランド現象が起きるとともに、殺伐とした景観が次々と出現している。市街地においては建物の寿命が短いことも問題である。平成二〇年度国土交通白書によると、日本の住宅の平均寿命はわずか三〇年しかない。これは、アメリカ合衆国の五五年、イギリスの七七年と比べて短いものである。このように日本の建物の寿命が短いのは、高度成長という特殊な時代を経て、成長に対応できるよう一世代ごとに建物を建て替えるというシステムができあがったためである。言い換えれば、一世代前の投資が次の世代では無に帰してしまい、受け継がれない。しか

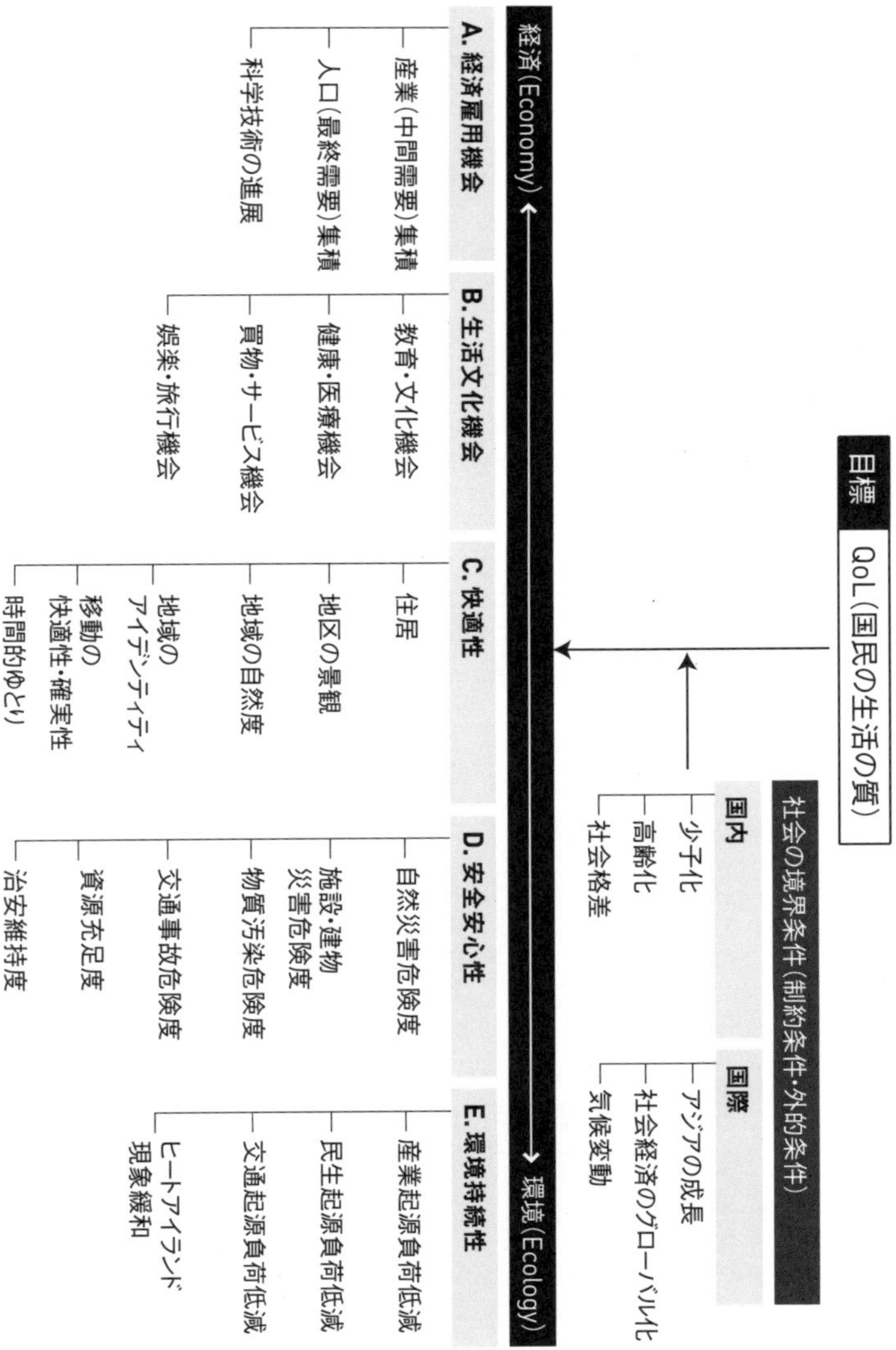
目標
QoL（国民の生活の質）
社会の境界条件（制約条件・外的条件）
国内
少子化
高齢化
社会格差
国際
アジアの成長
社会経済のグローバル化
気候変動
経済（Economy）
環境（Ecology）
A. 経済雇用機会
産業（中間需要）集積
人口（最終需要）集積
科学技術の進展
B. 生活文化機会
教育・文化機会
健康・医療機会
買物・サービス機会
娯楽・旅行機会
C. 快適性
住居
地区の景観
地域の自然度
地域の
アイデンティティ
移動の
快適性・確実性
時間的ゆとり
D. 安全安心性
自然災害危険度
施設・建物
災害危険度
物質汚染危険度
交通事故危険度
資源充足度
治安維持度
E. 環境持続性
産業起源負荷低減
民生起源負荷低減
交通起源負荷低減
ヒートアイランド
現象緩和

図1　QoLを規定する価値要素

	20世紀	目標到達点	21世紀	目標到達点
経済社会	高成長率 人口増大	社会全体の経済的繁栄	低成長率 人口減少 （少子高齢化）	社会構成員の生活の豊かさ
空間・インフラ	**役割** 資本集約型経済社会を支える **評価** 単目的 （経済の成長支援） 一元的	必需財としての充足	**役割** 知識集約型経済社会を支える **評価** 多目的 （生活の質的向上・維持支援） 多元的 （環境持続性・経済持続性）	価値財としての充足

図2　経済社会の変化と空間・インフラの役割・評価

し、今後所得が増加しない世界では、将来世代に投資余力がないため、建物群の維持すら容易でないことを現世代は悟る必要がある。

都市化が進展する過程で、人間生活を支える基本的な資源である「水」と「緑」が無視され続けたことも紛れもない事実である。かつての流域圏は交通路によって寸断され小河川もフタをされている。また緑もネットワークから断片へと変化し、潤いのない無機的な都市域を創り出してきた。

これらを総ずれば、交通システム、建物群、緑地などで構成される都市という社会共通のストックが、音を立てて崩壊に向かいつつあるシーンが見えてくるのである。本章では「持続可能性」という言葉はあえて使用しないが、仮に「持続不可能」という言葉を用いるのであれば、まさに社会共通のストックが現在世代の活動によって減耗し、将来世代に受け継がれないことであると定義できよう。

社会の目的の変化

高度成長期までの日本では、より高い所得を得ること、すなわち「経済雇用機会」が人々の幸せのすべてであったと言っても過言ではないだろう。しかしながら、二一世紀の日本では経済の成熟により、人々にとってのＱｏＬを規定する価値要素の重みは、図1に示すように、「経済雇用機会」から「生活文化機会」「快適性」「安全安心性」「環境持続性」などへ移ってきている。このことは、生活の器としての「空間」とそれを与える装置としての「社会資本」の役割にも変化を及ぼしている。それは、二〇世紀においては、経済機会を高めるという単一目的の下で資本集約型の社会を支えることであったが、二一世紀においては、ＱｏＬの価値要素の多様化に対応した知識集約型社会を支えることへと変化してきているのである（図2）。

このような価値観変化に対応してＱｏＬを維持向上させるためには、前述した多くの制約条件の中で、節度ある選択と集中によってスリム化し美しく潤いのある都市を演出し、そのための投資が経済の持続へとつながるシステムが求められる。

このようにして、起こりうる経済縮小と環境劣化が社会衰退につながっていく負のスパイラルを回避し、量的・空間的な縮小・撤退を迫られる人口減少社会にあっても、社会の活力を保ち、自然との共生を目指し、ＱｏＬを維持向上できるような新しい戦略の創出が不可欠である*1。

対応戦略

二一世紀に入り、日本では「都市再生」が国の重点施策として推し進められた。しかし、これは新しい時代の価値観と整合するものであるといえるであろうか？　むしろ、旧世紀の「産業」

都市の再開発という呪縛に囚われているのではなかろうか。

サステイナブルシティを合言葉に進められているヨーロッパの「都市再生」は、人間の生活の「場」として都市の再生を目指すものである。「人間的」都市をつくることは、人間的な知識社会をつくり、歴史の転換期における危機を克服することにほかならない。日本では、工業に依存していた都市が衰退するとともに、地域経済が苦境に陥り社会に亀裂が走っている。この状況を打開するためにも、人間的な社会、そして人間的な生活を形成する権限をエンパワーするのに有効な「都市再生」が求められている。そうした人間生活が営まれる器としての、また文化を育む器としての都市こそが、次代をつくることになる。

このような個人の価値観と社会の目的の変化に対応し、また誘導していくために、国土・都市計画はどこへ向かうべきなのか？　近年、その方向性として「コンパクト・シティ」の概念が提案されている。しかし、コンパクト・シティとはあくまでも土地利用の物理的な形を示したに過ぎず、それが実現しようとしているビジョン、そしてそれを実現するための具体的な手法を示さなければ、入り口の議論にとどまってしまう。「コンパクト・シティ」を越えた、より具体的なモデルや政策・技術を伴った提案へと結びつけていくことについては、まだ十分な知見が蓄積されているとはいえない状況にある。

一方、本書の第3章で説明する各国の事例からは、都市ストック形成とそのプロセスの重要性が浮かび上がる。すなわち、時代がどのように変化しようとも、社会的共通資本として、市民の合意と努力によって創り出されたストックは、後の時代の人々が目先の利益に走って蚕食しない限り、時代を越えて蓄積され豊かさを生み出していく基盤となる、という事実である。

一八世紀以降、人間活動拡大と人口急増の一途をたどる中で醸成されてきた価値観の下で、経済をはじめとして成長型社会の目標が設定され、それに併せて社会資本と空間が整備されてきた。しかし、人口減少という逆転社会の中で、広く共有できる価値観とは何か？　活力を維持しながら、安全で自然と共生しうる社会の創出のために、価値観の転換と新たな合意形成手法の確立を含んだ社会設計と、広がりすぎた土地利用(市街地)をコンパクトな姿に戻して国土を適切に利用しうる空間設計の両者にまたがる理念が求められるのではないだろうか。

以上の認識を踏まえて、我々は、二一世紀の日本の国土・都市が目指すべき目的を「都市のクオリティ・ストック化」と表現する。そして、その実現手法として、以下の三つを掲げる。

①自然環境としての水と緑の復活……これは、豊かな水と緑を湛える「緑のコリドー」の形成に集約される。

②集住に耐える街区ストック……これは、街区を単位として、建物群が一体的景観を形成する「クオリティ街区」の形成に集約される。

③コンパクトに居住・就業できる土地利用・交通システム……これは、安全で安心な場所に、また公共交通に沿って市街地を集約する、すなわち「公共交通コリドー」に集約される。

本書では、これら三つの実現手法について、日本における課題を整理し、諸外国のシステムを参考にしながら、今後の日本において必要となる理念と戦略を展開していく。

二一世紀の国土・都市が目指すべき「目的」とその「実現手法」との関係を整理したものが図3である。なお、本書においては、クオリティ・ストック化を目指し、各々の都市が追求すべき都市像を「ビジョン」と呼ぶ。ビジョンとは、「目的」のように普遍的なものではなく、各々の都市

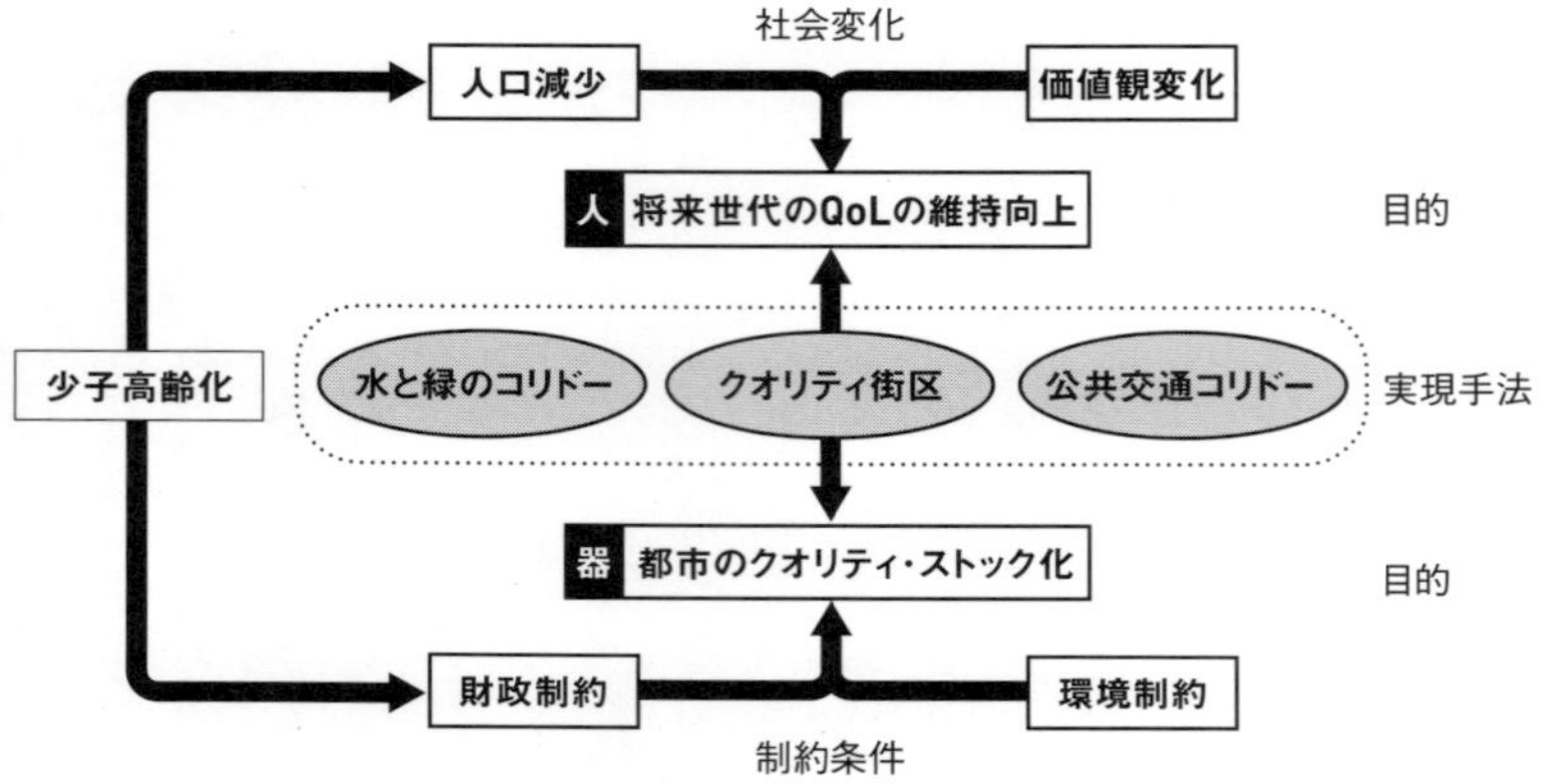

図3　21世紀の国土・都市が目指すべき目的とおよびその実現手法

が自らの歴史的・文化的背景を踏まえて構想すべき独自のモデルである。

以降の第1章においては、まず急速な社会変化や厳しい制約条件の下で顕在化しているわが国の都市づくりの課題を、土地利用、緑地、交通システムの観点からまとめる。第2章においては、特に土地利用の計画制度に焦点を当て、計画の理念と実現手法の変遷および問題点を示す。第3章においては、クオリティ・ストック化を目指す欧米諸都市を例として、各都市が掲げるビジョンやその実現手法について解説する。それらの事例を受けて、第4章と第5章で我が国が目指すべき国土・都市形成のビジョンおよびその実現手法の指針をまとめる。

参考文献

＊1　林良嗣「明日の社会的共通資産としての都市のクオリティ・ストック」、学術の動向、二〇〇六

第1章 土地利用・緑地・交通システムから見た都市づくりの課題

1-1 スプロールとその社会的費用

モータリゼーションと土地利用の郊外化が
相互に影響を与えながらスプロールが進展するメカニズムを二つのパラドックスとして解説し、
都市圏全体の効率性が低下することを述べる。
人口減少によりスプロール市街地の維持コストが増加するという試算例を示す。

1-2 自動車依存社会がはらむ問題

自動車保有台数の現状を述べる。自動車依存が進むにつれて、
住宅地だけでなく公共公益施設や、大型商業施設が郊外化し、
高齢者や子供のモビリティ低下やCO_2排出量の増加が発生することを具体的に説明する。

1-3 人口減少社会における都市の制約条件

今後の人口減少の状況を概観し、地方部の財政が危機的状況に陥る可能性が高いことを示す。
社会資本整備・維持費が財政を圧迫するため、
都市・地域を持続可能とするためにはコンパクト・シティ化が必要不可欠であることを示す。
日本の地方都市を対象として、市街地維持費用を算出することで、
スプロール市街地の社会的費用の大きさを示す。

1-4 水と緑の社会的価値

水と緑は、人間の生命を支える本質的な環境資源である。
日本で水と緑の社会的価値について、どのような理念のもとに社会的合意形成が図られ、
社会的共通資本として永続性のあるストックに転化されてきたのか、
あるいは、逆に改廃を遂げたのかについて、
近代化の歩みと対照させながら検討する。

1–1　スプロールとその社会的費用

【1】スプロール形成の原動力～土地利用と交通のCo-evolution

都市において、土地の利用や開発は交通基盤によって規定される一方、成立可能な交通手段は土地利用によって規定される。かつて市街地は鉄道駅周辺に、モータリゼーション以降は幹線道路の周辺に発達してきた。また、人口密度の高い大都市では鉄道が高いサービスを維持する一方、スプロールの進んだ低密度な市街地ではバス路線の維持も困難である。このように、土地利用と交通は相互に不可分な影響を及ぼしながら都市を形成している。これら複数の現象が相互に影響しながら共同で都市を創造する原動力を共発展(co-evolution)と呼ぶ。

スプロール市街地の形成においては、所得上昇と車両価格低下による自動車保有台数の増大、自動車保有によるモビリティ(移動性)向上、それによる郊外土地利用の宅地化、郊外宅地の自動車依存性、道路インフラへの投資、さらなるモータリゼーションの進展といった、土地利用と交通のCo-evolutionが見られる。一方、3–2節で示されるように、スプロール対策の先進都市では土地利用と交通の統合対策が主要な手段となっており、コンパクト・シティへの誘導策においてもCo-evolutionが活用されている。すなわち、土地利用と交通のCo-evolutionは、スプロールを形成する方向にも、縮小する方向にも働きうるものであり、そのベクトルは政策でコントロールしうると考えられる。

ではなぜこれまでの都市政策ではスプロールを防ぐことができなかったのか。それは、政策目的と手段の間の矛盾の存在によるものと考えられる。以下では、この矛盾をもたらす都市のパラドックスを明らかにすることで、スプロール形成のメカニズムの把握を試みる。

【2】モビリティのパラドックス

モビリティの向上はアクセシビリティ（目的地への行きやすさ）を改善し、経済機会や生活文化機会を増加させＱｏＬを高めるものと単純に信じられていた。特にモータリゼーションの進行により、自動車交通需要に見合う道路整備を行うことが交通計画上の優先課題と位置づけられ、都市全域の面的なモビリティの向上が行われた。面的なモビリティの改善は、利用可能な土地を増加させ経済発展に寄与した。その際、十分な計画がないままに、新たに利用可能となった土地を開発した結果形づくられたのが、スプロール市街地である。

スプロール地域の住民は自動車利用を前提としており、公共交通の必要をあまり感じていない。その立地は一般に低密であり、利便性の高い公共交通サービスを設定することは採算上困難である。一方、公共交通利便性の高い都市中心地区では、自動車利用を前提とした道路整備が行われておらず、渋滞が発生するなど自動車でのアクセシビリティが低い。結果、自動車で容易にアクセスできる郊外部に大規模小売店舗やロードサイド店が立地し、中心市街地の空洞化が進む。すると、中心市街地や駅へのアクセスを前提とした従来の公共交通網は不採算となり、路線やダイヤが削減されてさらに不便になり、公共交通から自動車への転換を促進させ、市街地のスプロール化に寄与する。同時に、中心部で十分な用地を確保できない役所や病院などの公共公益施設も、自動車のモビリティを前提として郊外に移転していく。

これは、自動車普及によるモビリティの向上が、本来最もアクセシビリティが高いはずの都市

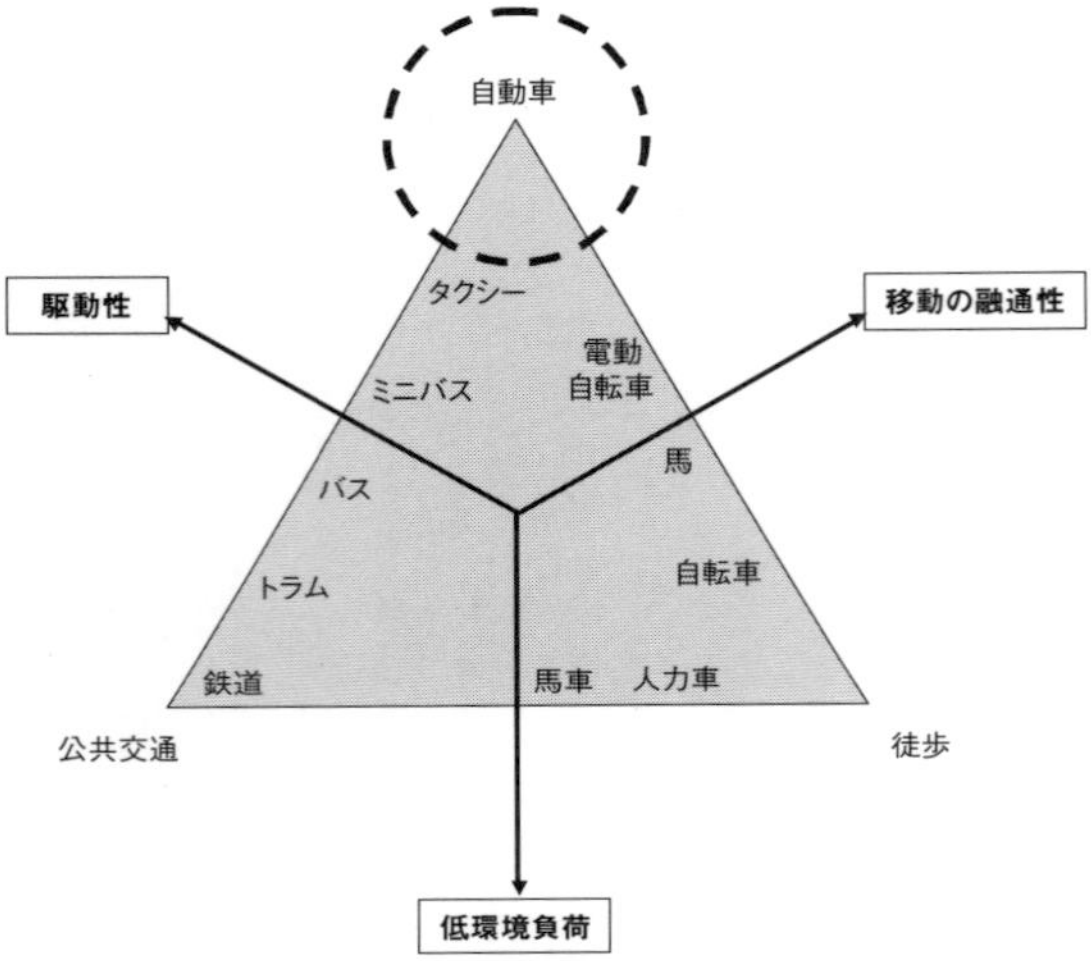

図1-1　モードグラム上で見た各交通手段の特性

中心部へのアクセシビリティを低下させ、代わって、郊外に活動機会が生じていることを意味する。郊外の活動機会へは自動車でのみアクセス可能であり、用地問題から道路整備が困難な場所や、自動車を利用できない人々のアクセシビリティは低下することになる。この不公平拡大は「モビリティ・デバイド」と呼ばれる。また、郊外部におけるアクセシビリティ向上は、都市圏全域のアクセシビリティを向上させることにつながりにくく、費用効率的とはいえない。

このように都市構造の変化まで考えると、自動車によるモビリティの向上は必ずしも都市全体のアクセシビリティを改善するとはいえず、劣化させる場合すらある。このパラドックスから導かれる矛盾が、郊外部でアクセシビリティが向上しても低密なスプロール市街地を形成してしまう理由の一つであり、スプロールの解消に交通対策が不可欠とされる根拠となる。このパラドックスが生じる理由は、自動車のモビリティ向上は自動車によるアクセシビリティを改善するところを、都市全体のアクセシビリティを改善すると読み替えてしまったところにある。これに気付いた欧米のモデル都市では、中心部の自動車抑制策と公共交通整備によって都市全体のアクセシビリティ改善に取り組んでいる。

図1-1は交通手段の特性を模式化したモードグラムである。矢印は交通手段の特性軸を表しており、自動車は最も移動の融通性と駆動性の高い交通手段となっている。すなわち、自動車依存社会は、交通の側面から見ると移動の融通性と駆動性に対する人々の選好の強さの帰結と見ることもできる。しかし、この交通手段の座標は相対的なものであり、各種政策によって誘導することが可能である。例えば公共交通への運営費補助によって運行頻度を増加させると、その移動の融通性は高まる。一方、自動車の走行速度規制や都心部への車両の流入規制は移動の融通性を低下させる。都市構造はモードグラムの成立領域を規定する。スプロール市街地では交通手段として自家用車しか成立しえないことになる。

【3】都市開発のパラドックス

モータリゼーションのみがスプロールを助長してきたわけではない。経済原理からすると、交通利便性の高い場所ほど土地利用は都市化され、低い場所では自然的な利用となるはずである。この原理が保たれる限り、都市は経済的には効率的な構造となるはずだが、中心市街地の衰退したスプロール都市は効率的であるとはいえない。一方、容積率や用途地域などの規制が歪みをもたらしているという指摘があるが、日本の大半の都市で容積率は余っており、用途指定も極めて緩やかであることから、これらの規制がスプロールを十分にコントロールしてきたともいえない。

従来、郊外開発はその規模が小さいほど、インフラの整備を行政が担ってきた。つまり、市場化されていない社会的費用が存在し、その分だけ郊外開発費用は過小評価されてきたといえる。一方、中心部では既存の非効率な土地利用が高度利用の妨げとなる場合もある。中心部の大規模再開発は権利調整が困難なため数十年かかることもあり、非常に高コストである。

すなわち、土地市場は本来極めて不完全であり、経済原理が必ずしも効率的な都市構造を導かないにもかかわらず、行政が十分なコントロール手段を用意していないことに問題がある。緻密な規制やインセンティブ制度は土地利用の誘導を可能とするが、日本の土地利用規制は非常に緩やかであり、税によるインセンティブも十分活用されていない。そして、需要追随型の道路インフラ整備はスプロールの促進要因となっている。

【4】スプロールの再定義

以上、スプロール形成の原動力となる土地利用と交通に関する二つのパラドックスを示した。人口減少期におけるその社会的費用を検討するためには、問題となるスプロール市街地を改めて定義する必要があるだろう。

従来、スプロールは「蚕食状開発」といわれ、郊外部における散発的な宅地開発の形態を表すものとして使われてきた。確かにこのような開発は、土地資源、自然資源の浪費や景観上の問題を想起させるが、これはスプロール市街地の持つ課題の一側面を示しているにすぎない。

チェン*1は、一九五〇~六〇年代にはスプロールは郊外と同義であったが、現在その定義は全く違うと述べている。スプロールとは「住宅を建てる場所の問題ではなく、住宅が無秩序に建設される過程を指し」、「開発計画が十分吟味されずに、交通渋滞の悪化や増税、旧市街のスラム化、空地の侵食につながる現象」であるとしている。このように、スプロールはその形態ではなく、それがもたらす課題によって定義づけるべきであろう。人口増加が続く米国においては、スプロールがもたらす課題は「成長の痛み」として生じているが、日本が直面する人口減少時代にはそのような課題は解消されるのであろうか。あるいは、別の新たな課題が生じるのであろうか。

上述の二つのパラドックスに照らしてみると、人口減少下においてこそ有効な対策をとらなければ上記課題は解消されるものではない。中心部で自動車のアクセシビリティが相対的に低いままであれば、郊外が活動の主要な場所であり続けるであろう。高齢化に伴いニーズが高まる病院等の福祉施設も郊外に移転しているものが多く、低密度な郊外間の移動が主流となる。高齢化に伴う身体制約によって自動車利用が困難となると、郊外居住者のモビリティは大幅に低下する。これは、商業、医療等のサービスへのアクセスのみならず、地域コミュニティからも隔離されることを意味する。既存宅地の再開発に関する費用の高さは郊外でも同様であり、オールドタウン化が進む一方で新規宅地開発も進行するであろう。既存市街地での空き家の発生はランダムに生じるため、計画的・一体的な土地利用更新による地域の魅力向上は困難であり、徐々に衰退していく。この時点で既に、中心部には都市の求心性がなく、拡散型の都市構造が定着するだろう。都市インフラは居住者がいなくなるまで維持される一方、新たな宅地での建設が必要であり、その多くは税でまかなわれ、社会的費用の増大要因となる。

以上は、最悪のシナリオを想定したものだが、人口減少下においても対策を講じなければスプロール市街地は解消されず、都市全体の立地効率性の低下、交通インフラの維持更新費用の増大といったこれまでの課題に加え「医療、福祉等サービスへのアクセシビリティの喪失」、「コミュニティの崩壊」など、安全・安心に関わる最も基本的なＱｏＬの要素が劣化する可能性がある。

人口減少下においてスプロール問題は解消されるどころかより深刻化しうるのである。

【5】スプロールの社会的費用

以上の定義に基づくスプロールの社会的費用の計測は、複数の次元の異なる要素を含むことから、QoLに基づく計測手法を用いることが望ましい。しかし、その把握にはさらなる調査・研究が必要である。ここでは富山市の調査*2を元に、人口変化に伴う二〇五〇年までの全国の社会資本の維持更新費用に対象を絞り試算を行う。

富山市の調査では、社会資本の維持費用として、市街地面積当りの除雪、路面清掃、街区公園管理、下水道管理にかかる費用を、更新費用として、道路、街区公園、下水道管渠の費用を推計している。その値を、全国に拡大して適用するために、除雪を除く分を維持管理費用と設定する。人口密度別に一人当りの費用を求めたものが図1-2である。

市街地面積当りの費用は一定なので、当然のことながら人口密度が高いほど一人当りの維持更新費用は低くなる。裏返すと、スプロールが進展し人口密度が低下すると一人当りの負担額は増加する。

図1-3は一九八五年と二〇〇〇年の人口密度別の全国の市街地面積を示している。ここで、二〇〇〇年については、一九八五年の人口密度が一平方キロメートル当り二〇〇〇人以上であった場所とそれ未満だった場所を分けている。いずれの人口密度の市街地も面積が増加しているが、密度の低い市街地で増加面積が多い。また、一九八五年には一平方キロメートル当り二〇〇〇人未満だった場所が相当程度存在している。これは、この間に郊外化部への社会資本投

資が必要だったことを示唆している。大胆な仮定であるが、一九八五年に一平方キロメートル当り二〇〇〇人未満だった場所において、一平方キロメートル当り一三キロメートルの道路整備が新たに行われ、道路一メートル当り三三万円の整備費用（平成一六年の一般都道府県道と市町村道の平均）を要したとすると、これらの地域に一〇兆円強の道路投資が行われたことになる。

この期間、一平方キロメートル当りの人口密度が一〇〇〇人以上の市街地の平均人口密度は、一平方キロメートル当り三八六〇人前後でほとんど変化しておらず、平均的に見ると人口の増

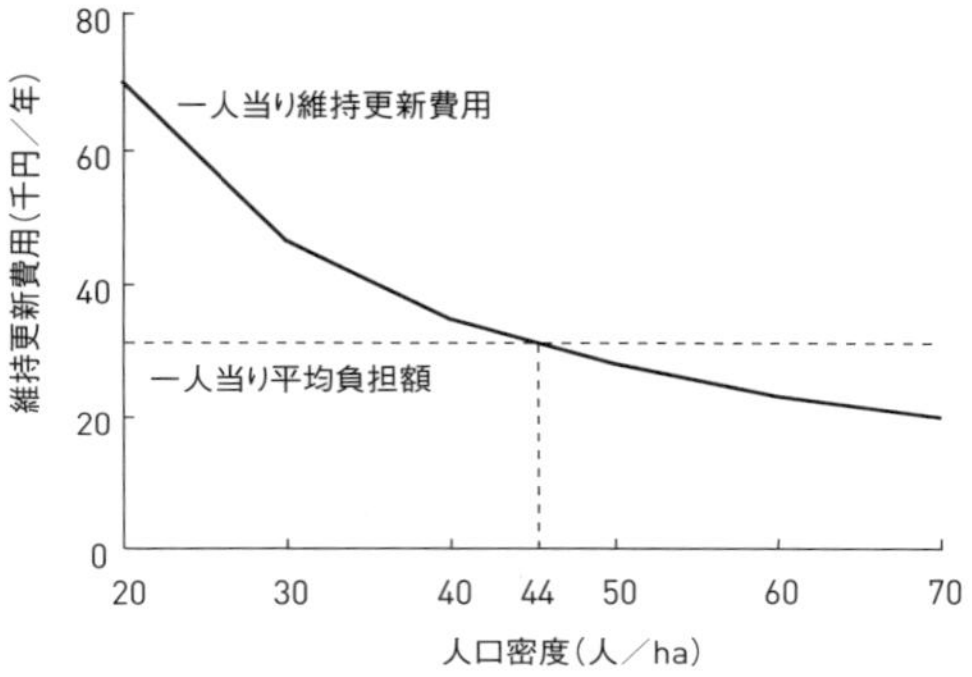

図1-2　人口密度に対する一人当りの社会資本の維持更新費用

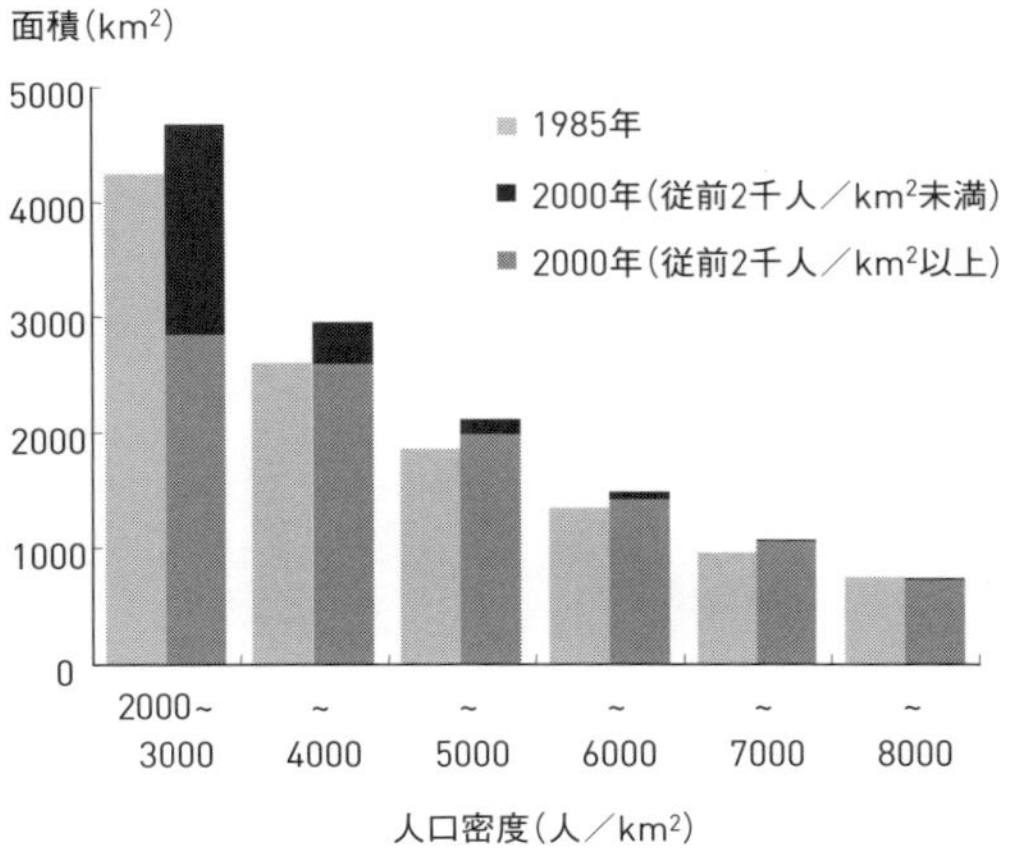

図1-3　全国の人口密度別市街地面積の変化

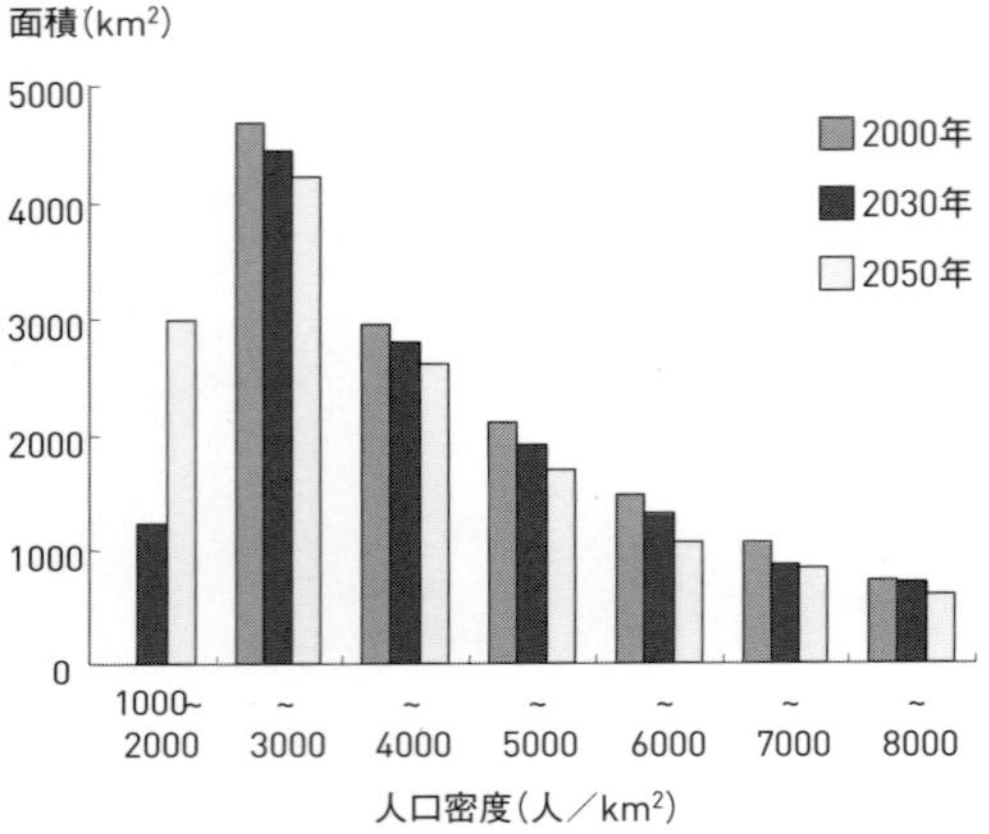

図1-4　全国の人口密度別市街地面積の将来推計

加に応じて市街地が拡大したといえる。このように、人口増加期における平均化されたスプロール像からは問題の所在は見いだせない。しかし、既に社会資本整備が進んでいる市街地では人口密度が低下する一方、低密な「半市街地」が拡大し、そこに相当程度の社会資本が投下されている。今後の人口減少社会では、それら社会資本の利用効率が低下するとともに、維持・更新に要する一人当りの費用も増大すると予想される。

ここでは、現在の市街地を維持したまま人口が一様に減少する場合の密度別市街地面積の変化と一人当りの社会資本の維持更新費用を推計する。対象は二〇〇〇年の人口密度が一平方キロメートル当り二〇〇〇人以上の市街地とする。

まず、将来の密度別市街地面積を、人口問題研究所の都道府県別長期人口推計に基づき推計した（図1-4）。これより、現在の市街地を維持すると想定した場合、人口密度が一平方キロメートル当り二〇〇〇人以上の市街地は減少し、一平方キロメートル当り二〇〇〇人未満の市街地が大きく増加することになる。これは、人口減少下で低密度な市街地の割合が増加しスプロール市街地が広がることを意味している。それは、これまでの郊外開発に伴うスプロールとは異なり、既成市街地が空地や廃屋により侵食され、都市が活力を失う過程といえる。

この条件のもと、富山市の調査と同じ方法で年間社会資本維持費用を求めると、二〇〇〇年には一人当り二万六〇〇〇円だったものが、二〇五〇年には三万二〇〇〇円と、二五%増加する。また、一人当りの社会資本維持費用の支払いは居住地によらず同額と仮定すると、市街地からスプロール市街地への所得移転は同期間に二五〇億円、四%増加する。一方、人口密度の低い市街地から優先的に人口が減少すると仮定すると、一人当りの費用は二〇五〇年には一万九〇〇〇円と二五%減少し、所得移転額は二九〇〇億円、五三%減少する。すなわち、スプロール対策は社会資本維持の経済効率とともに、地域の自立性も高めることを意味している。

このように、スプロール市街地を放置することは、社会資本の利用効率の低下に加え、一人当りの維持更新費用の増加をもたらし、市街地から半市街地への所得移転を必要とする。一方、人口減少に応じてスプロール市街地から撤退する場合、維持更新費用は減少し、地域の財政的自立性の向上にも寄与する。

【6】まとめ

本節では、スプロール市街地の形成メカニズムと社会的費用を検討した上で、今後の人口減少社会におけるスプロール問題の見通しを探った。その結果、対策を講じなければスプロールは解消されるどころか、より深刻化する可能性を指摘した。

日本ではかつて、地域人口の減少に起因する問題は過疎問題として扱われ、地域格差是正を目的とする特別措置により対応されてきた。それは、国土保全の観点からも正当化でき、また総人口の増加と経済成長がそのコストを支えてきた。一方、総人口が減少する状況ではあらゆる場所で人口が減少しうる。1-3節において詳述するように、都市の中でも、郊外人口の動向が社会的費用とQoLに大きく影響する。従来、スプロールは「蚕食状開発」と訳されてきたが、今後は「虫食い的」に空き家・廃屋が発生する。現在は両者が並行して進行している。多くの地方都市では郊外部に大規模商業施設が立地することにより、中心市街地が空洞化すると同時に、バイパス沿道の既存郊外商業地でも空き店舗が発生している。

旧東ドイツの都市では、東西統一後急速な人口流出が続き、都市周辺部で多くの空き家が発生した。そこで、地域コミュニティの衰退や治安の悪化を防ぐために、積極的に空き家の解体・撤去を進め、緑地やビオトープ等の自然資源を整備するとともに、中心部には新たな機能集積を進める政策がとられている*3。空き家の撤去は一〇〇%補助、撤去後の地区環境改善およびインナーシティの地区環境改善には三分の二補助と手厚い助成が行われている*4。しかし、このような助成制度のみでは都市の再構築には不十分であり、持続可能な都市ビジョンを達成するためには土地利用と交通のCo-evolutionを活用した総合的な都市政策の実行が必要である（4-1節参照）。

1-2　自動車依存社会がはらむ問題

【1】自動車依存社会の現状

日本の自動車保有台数は戦後一貫して伸び続け、一九六六年に二二八万台であった乗用車は二〇〇六年には五七〇九万台に上り、四〇年間で約二五倍に増加した。この間に人口は九九〇四万人から一億二七七四万人へと一・二九倍の増加なので、いかに急激なモータリゼーションを迎えたかがわかる。

自動車依存度の上昇は特に地方都市で顕著である。一世帯当りの自動車保有台数を見ると、最低が東京の〇・五三台であるのに対して、最高は福井県の一・七六台と三倍以上の開きがある。自動車保有台数の伸びは、都市居住者の日常の移動手段を変化させた。パーソントリップ調査（二〇〇五）をみると、自家用車による移動の割合は三大都市圏では四割以下で推移しているが、地方都市圏では急激に増加し、六割程度となっていることがわかる。

また、旅客地域流動調査から二〇〇四年度の地域間の輸送機関別分担率を見ると、自動車の分担率は全国平均で七八・六％となっている。都道府県別に見ると、青森、山形、島根、宮崎、沖縄は自動車分担率が実に九八％を超える値を示している。

一方で、自動車の使われかたもライフスタイルに合わせて変化している。一九八〇年から一九九四年の間に、一〇〇キロメートル以上のトリップは一・八倍に増加し、移動の長距離化が進んでいる。また、一台当りの平均乗車人数を見ると、二・〇人（一九八〇年）から一・六人（一九九四年）へと低下し、次第に一人で車を利用するようになってきた。平均乗車人数をさらに詳細に見ると利用目的によって異なってくる。例えば大規模商業施設への来店時の車利用については、大店立地法指針値では一台当り二人〜二・五人としているが、実態は目的の施設によって変化する。栃木県での調査結果（二〇〇五年）を見ると、ホームセンターやスーパーマーケットには一・五人、総合スーパー（GMS）や家電量販店には一・七人で来店しており、一台当り二人を超えるのは家具店（二・二人）くらいである。身の回りの物を買う場合は一人で車を使い、家族で共有するものは同乗者と来店する傾向が高いなど、自動車の利用形態は多様化している。

【2】道路整備と自動車利用との関係

道路整備によって渋滞の緩和や即達性の改善がなされると、これまで自動車以外の交通手段で移動していた人々が自動車を使うようになる可能性がある。このように、潜在需要が顕在化することは、昔から世界中で指摘されており、誘発交通(induced traffic)といわれる。

道路整備と自動車依存との間にはどのような関係があるのだろうか？　いくつかの都市で、一人当りの道路面積と自動車分担率の比較を行った(図1-5)。さらに人口集中地区(DID)の人口密度も計算し、この三者の関係を調べると、興味深い結果が得られた。

まず、DID人口密度の高い都市をみると、一人当りの道路面積が一〇平方メートル程度と低く、自動車分担率は二〇%以下であることがわかる。一方で、DID人口密度が低い都市をみると、一人当りの道路面積が四〇平方メートル程度と四倍近く増加し、自動車分担率は五〇%以上と高いことがわかる。

つまり、人口密度が高く公共交通が成立しやすい都市では、一人当りの道路面積は少なく、人々の自動車の利用は低く抑えられている。しかし、人口密度が下がるにしたがって、道路面積は増大し、それに合わせて自動車利用も増えているのである。

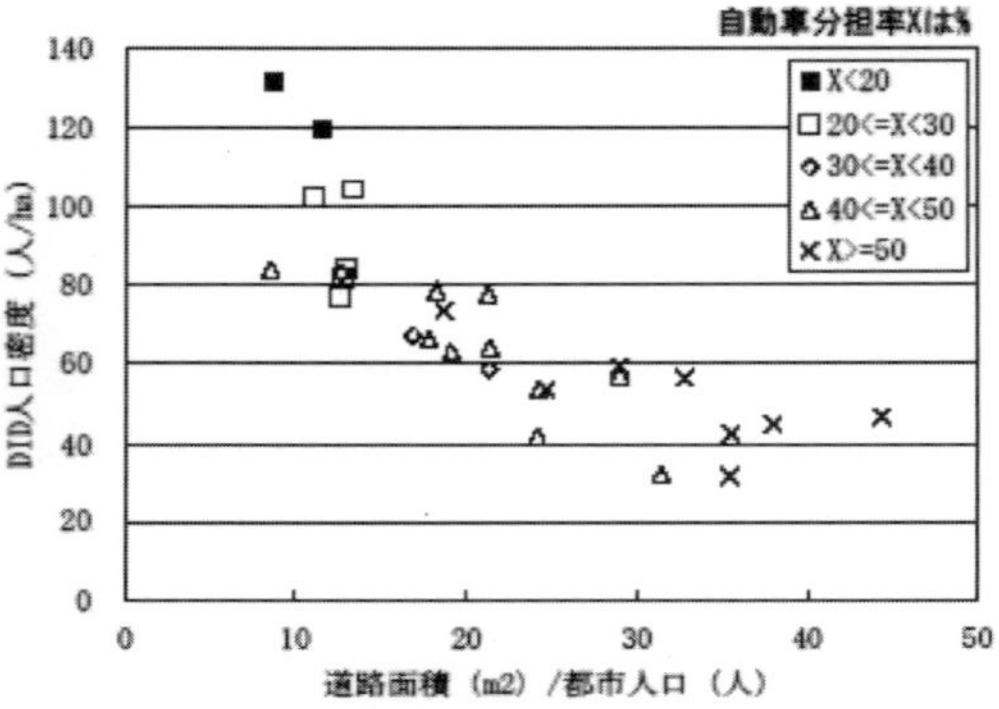

図1-5　都市特性と自動車分担率の関係

【3】自動車依存と都市空間構造の変化

自動車依存度の上昇は都市空間構造に大きな影響を与えた。徒歩が移動手段の中心であった時代は、城や神社・仏閣を中心として街が形成される、いわゆる城下町・門前街の形態が多くみられた。明治以降になり、鉄道をはじめとする公共交通整備が進むと、鉄道駅が街の新たな中心となり、市街地が形成されるようになった。多くの地方都市では、徒歩圏で形成された旧市街地の外縁部に中心駅を設けた。そのため、駅には旧市街地に面した表玄関口とその反対側の裏玄関口が存在した。その後、駅を中心に市街地が形成されるようになると、旧中心部と新市街地の位置が微妙にズレながら、都市空間構造を形成してきた。

戦後のモータリゼーションの進展は、移動手段の中心を鉄道から自動車へと転換し、これによって新たな都市空間構造が出現し始めた。徒歩や鉄道の時代は、一定のエリアに集約する拠点性が重視されたが、車を中心とした社会では、距離による移動制約がはたらき難い。そのため人々は、より快適な居住環境を郊外に求めて拡散居住することになり、人口集中地区は低密化するとともに市街地自体も拡大した。

郊外化の影響は住宅地だけに留まらず、市役所や病院などの公共公益施設も相次いで郊外に立地するようになり、それが自動車依存型社会に拍車をかけることになった。さらに近年問題となっているのは、二〇〇〇年の大規模小売店舗立地法施行以降に激化した郊外型大型商業施設の出店である。自動車社会のニーズに対応すべく、十分な駐車場が確保できない都心部から撤退して、郊外の広大な土地に数千台規模の駐車場を整備した大型店舗が立地するようになった。二〇〇〇年から二〇〇三年までの間に、全国での大規模小売店舗立地の申請は約五七〇〇件に及び、その二一%が小売床面積一万平方メートルを超える。

このような都市空間構造の外縁化は様々な影響を都市に与えた。まず顕著なのはシャッター街と称されるような都心の衰退である。それは人口規模の小さな地方都市から顕在化し、現在では人口四〇万クラスの地方中核都市まで深刻な状態となっている。

このような状況を改善すべく、二〇〇六年に中心市街地活性化法・都市計画法・大規模小売店舗法のいわゆる「まちづくり三法」が改正され、大規模小売店舗の郊外出店が大幅に規制されるなど、様々な取り組みが続けられている。

この状況に対し、「自由な市場競争下でのできごとなので、あえて公的資金を都心部に投入したり、郊外立地を規制したりする必要はない」との意見もある。確かに、これまでも交通手段の中心が徒歩から鉄道へ、そして自動車へ転換するに伴って、都市構造も外縁化してきた。市民のニーズに合わせて都市が変化するのだから、あえて時代に逆行するような政策をとる必要はないのではないかとの主張である。

このような意見は一見するともっともらしい。しかし、次のような視点で異論がある。日本の社会資本は、明治以降の近代化政策によって一〇〇年以上かけて徐々に整備されてきた。道路ネットワークも放射型道路に加えて、バイパス道路や環状道路を整備し、自動車交通にも対応できるように新設や拡幅がなされてきた。このインフラは確かに、急激な高度経済成長を支える社会基盤として、重要な役割を担ってきたといえる。従来の都心部を核とする放射環状型の道路ネットワークは、歩行者や鉄道だけでなく自動車交通にとっても効率的な形態になっている。しかし、これはあくまで強い都心部を有している場合であって、道路ネットワークが疎である郊外

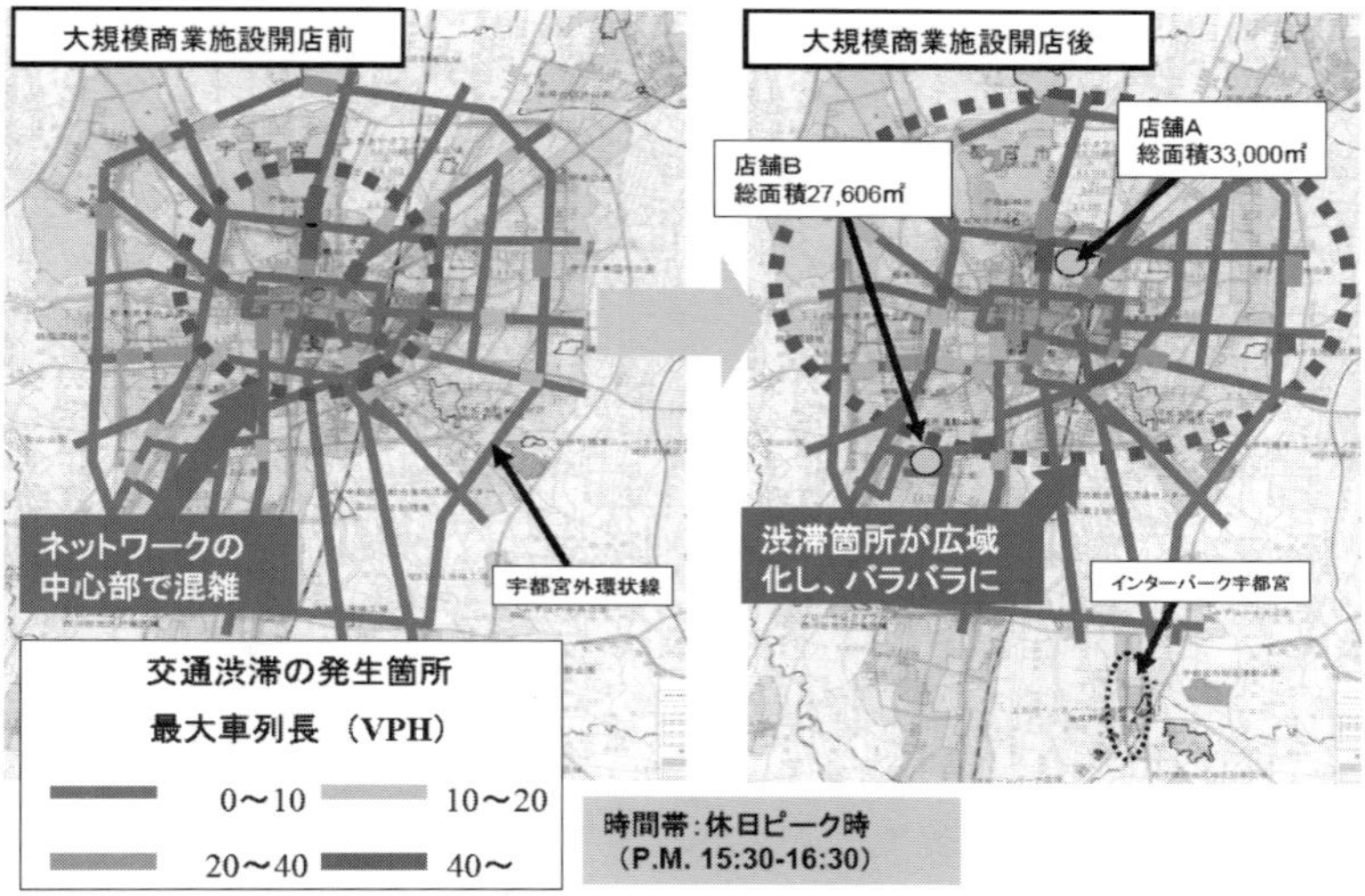

図1-6　郊外の大規模商業施設開店前後の渋滞発生場所の変化（宇都宮市）

部への大規模開発には適した形とはいえない。そのため仮に郊外立地を今後も許容するのであれば大幅な道路ネットワークの改築が必要となる。

人口が増加する時代には、土地需要に合わせた新たな道路整備には一定の社会的コンセンサスが得られるが、人口減少の局面においては追加的な道路投資はできるだけ避ける必要がある。むしろ既存の道路ネットワークの効率的な活用が大切となる。

人口五〇万を有する中核市の宇都宮市を例にとると、図1-6に見られるように、郊外部の大規模店舗立地が交通流に多大な影響を与えていることがわかる。立地する前は、中心部に向かった放射道路で渋滞が発生する。しかし、郊外への店舗立地後は渋滞が都市全体に拡散する。ここで注目したいのは、渋滞箇所の転移現象である。立地前は道路行政は放射方向の道路の混雑緩和のために、交差点改良や道路拡幅の計画を立案していた。それに基づき、予算を立てて、地元住民との折衝を行い、場合によっては十数年の長い時間を要して合意形成に努めた結果、整備が実現に至る。しかし、ある年に何の前触れもなく郊外店舗が立地して、渋滞箇所が変わってしまったとする。そうなると、当初立てた道路整備計画は途中で変更を余儀なくされる。しかし、既に地元合意がとれていれば、無駄だとわかりながら事業実施しなくてはならない場合もありうる。人口が減少する中で財政が厳しく、道路整備費用も不足しているにもかかわらず、非効率な整備を余儀なくされる。このような状況下で、さらに新たな大規模開発が起こると、渋滞箇所はまたまた変化してしまう。まさに道路整備の「いたちごっこ」である。

【4】移動制約者の増大

高齢社会の到来は、都市の生産年齢人口を減少させ、少ない労働者が多くのお年寄りを支える構造を創り出す。それは労働者への大きな税負担としてのし掛かり、都市財政も深刻な状況を迎える。

自動車依存が進んだ地方都市では、さらに高齢者の交通事故や移動制約者のモビリティ低下も顕在化する。

宇都宮パーソントリップ調査をもとに、一日のうち全く自動車を利用しない高齢者がどこに住んでいるかを調べた。その結果、自動車を利用しない高齢者は都心部と郊外部に多いことがわかった。都心部においては、歩行圏内に多様な施設があり、公共交通も整備されているため、自動車に乗らなくても日常生活が可能である。しかし、郊外部において自動車を利用しない高齢者は、モビリティが著しく低下する。事実、郊外エリアに居住している六五歳以上の高齢者のうち、六割が一日どこにも移動していないゼロ・トリップであることがわかった。

六五歳を越えても、自動車を運転できるうちはまだ良いが、運転能力には必ず限界がある。こうした公共交通不便地域に住んでいる高齢者が、身の危険を感じて運転免許証を返上したとたん、移動手段を奪われることになる。あるいは、日常生活を維持するために無理をして車の運転を続けることを余儀なくされる。自動車社会の恩恵は主に健常者や生産年齢層にもたらされ、子供や高齢者あるいは障がい者などの交通弱者には届き難い。

【5】自動車依存社会と地球環境問題

一九九七年に京都で開催された気候変動枠組条約第三回締約国会議（COP（The Conference of the Parties）3）において京都議定書が採択され、日本は二〇〇八〜二〇一二年（これを第一約束期間と呼ぶ）の温室効果ガス排出量の年平均値を一九九〇年水準から六％削減する目標を国際公約とした。京都議定書の採択を受けて設置された地球温暖化対策推進本部は、一九九八年に「地球温暖化対策推進大綱」を決定して具体的な施策実施方針を定め、さらに二〇〇二年にその見直しを行った。しかし、目に見える効果が現れず、温室効果ガスの排出量は依然として増加し続けた。二〇〇五年に京都議定書が発効したことから、政府は「京都議定書目標達成計画」を閣議決定し、施策の見直しを行った。しかし、二〇〇七年度の温室効果ガス排出量は一九九〇年比で九・〇％増となっており、京都議定書目標達成のためには、森林吸収源対策や京都メカニズムによる効果を見込んでも、さらに九・六％の削減が必要という厳しい状況が続いている。

一九九〇年に比べ温室効果ガス排出が大きく増加したのは、民生部門（業務・家庭）と旅客運輸部門であり、いずれも都市に起因するものである。特に都市空間構造や交通システムの状況に直接影響を受ける運輸部門のCO_2排出量は、貨物起源が二〇〇七年で一九九〇年比六・七％減であるのに対し、旅客起源は三四・八％も増加している。これは、同じ期間に乗用車保有台数が六三・七％増、乗用車走行台キロが四〇・九％増と、旅客交通における自動車の利用が激増したことが原因である。運輸部門の排出量の約九割は自動車利用によるものである。交通手段別に一人一キロメートル移動する際に排出されるCO_2を比較すると、鉄道が一九グラムであるのに対して、自家用乗用車は一四七グラムと約七・七倍にもなっている。したがって、鉄道等の公共交通機関から自動車へのシフトが生じることで、CO_2排出量が大幅に増加してしまうのである。しかも、自動車が利用できるようになると移動距離も増加することが一般的であり、ますますCO_2排出量は増えてしまう。さらに、都心部などの交通集中地区で渋滞が生じると、燃費が低下し、これもCO_2排出量増加に寄与する。そのため、自動車依存度が高まった都市から急激に交通起源CO_2が増大することになる。

二〇〇〇年代に入り、旅客起源CO_2は漸減に転じている。これは、一九九〇年代に悪化を続けていた自動車燃費が、改正省エネ法や自動車税グリーン化を受けたメーカーの努力の結果、改善傾向となったためである。京都議定書目標達成計画では、運輸部門全体に関する目標設定が一九九〇年度比一〇・三〜一一・九％増とされており、二〇〇七年は一四・六％増であることから、達成が視野に入ってきている。しかし、そもそも九〇年代には運輸部門の伸びが大きかったことから、目標が他部門に比べ低く設定されていることや、乗用車利用も減少に転じているもののその幅が小さいことを考えれば、決して楽観できる状況ではない。

第一約束期間に入り、それ以降の新たな削減の枠組と目標設定が国際的な話題となってきている。二〇〇七年に公表された「気候変動に関する政府間パネル（IPCC）」第四次評価報告書では、このまま世界のCO_2排出量が増加すれば、二一〇〇年の地球平均気温は約四・〇℃上昇すると見込まれる一方、温暖化に伴う気候変動を許容範囲に収めるためには上昇を二℃程度にとどめる必要があることが指摘され、そのためには二〇五〇年の世界のCO_2排出量を一九九〇年比で半分にしなければならないことが明らかにされた。しかし、途上国ではその発展のためにはCO_2排出を大幅に抑制するわけにはいかないことから、日本を含む先進国におけるCO_2の大幅削減が必要となり、具体的には日本では八〇〜九五％もの削減が求められるといわれている。これを達成しようとすれば、現在のような自動車に依存した都市空間構造は根底から見直される必要がある。二〇五〇年まで四〇年強あるが、都市を変化させるための時間としては決して長くない。

1-3　人口減少社会における都市の制約条件

【1】人口減少が招く財政悪化と地方部の危機

経済成長と人口増加に対応するために市街地をひたすら拡大しなければならなかった二〇世紀と違い、経済が成熟する傍ら人口減少によって市街地が過剰となる二一世紀の日本の都市においては、人口流出を食い止める一方で、市街地の拡大を抑制するコンパクト化策が必要となってくる。そこで、日本の人口減少や少子高齢化がどのように進み、それが都市経営に何をもたらすのかをみていきたい。

二〇〇五年より日本の総人口は減少に転じた。国立社会保障・人口問題研究所の推計によると、二一世紀末までに総人口はおおよそ半減すると予測されている。一九三〇年(昭和五年)の人口は、二〇〇五年のちょうど半分の六四〇〇万人であった。それから七五年間で倍増した人口が、九五年かけて半減することになる。人口減少とともに少子高齢化傾向も顕著となり、二〇〇五年には高齢者(六五歳以上)一人に対して生産年齢人口(一五歳以上六五歳未満)は三・一人であったのが、二〇五〇年には一・五人にまで減少してしまう。これは合計特殊出生率の低下傾向によって生じるものであり、今後合計特殊出生率が下げ止まれば、この値も次第に落ち着いてくることになる。しかし、現在の医療水準の下で合計特殊出生率が一定人口を保つといわれる二・〇八を大幅に下回っている限り、人口減少は続くことになる。なお、二〇〇八年は一・三七となっている。

生産年齢人口の減少は労働力人口の減少を招き、経済成長に対してマイナスの影響を与えることは言うまでもない。経済成長の予測は容易ではないが、政府による各種の将来見通しをみると、実質経済成長率を年率一～二%前後としているものが多い。実際、一九五六～七三年度の平均は九・一%増、七四～九〇年度の平均は三・八%増であったが、九一～二〇〇五年度の平均は一・二%増にとどまっている。

高齢者の増加は社会保障費の増大に直結する。財政は逼迫し、行政サービス全般の低下や負担の増大が懸念される。厚生労働省「社会保障の給付と負担の見通し(二〇〇六年五月)」によると、社会保障給付費(医療・年金・介護等)の対GDP比は、二〇〇六年の一七・五%から二〇二五年には一九・〇%に増加すると予測されている。伸びが低くなっているのは、近年実施された年金制度・介護保険制度の改革に伴うものであり、国民の負担増加や社会保障サービス低下の結果である。人口減少は地方部において特に著しく進行すると予想されており、地域の存立を揺るがす問題である。表1―1は、長野県南部の飯田市とその周辺町村の、二〇〇〇年の人口と二〇三〇年の推計人口(国立社会保障・人口問題研究所)を示したものである。これを見ると、周辺町村の減少幅が非常に大きいことはもとより、中心都市である飯田市でも人口減少が予想されている。従来は周辺部の減少を中心部の増加が補う形であったのが、今後は中心部も含めた地域全体で人口減少と少子高齢化が進むことになる。「市町村の合併の特例に関する法律(いわゆる合併特例法)」によって促進された「平成の大合併」は、このような人口減少が自治体財政を悪化させる懸念を乗り越えるべく実施されたものである。

	2000年	2030年	変化割合
飯田市	107,381	98,377	-8%
松川町	14,070	13,290	-6%
高森町	12,528	12,165	-3%
阿南町	6,232	3,914	-37%
清内路村	781	445	-43%
阿智村	6,183	4,993	-19%
平谷村	712	535	-25%
根羽村	1,380	720	-48%
下條村	4,075	3,626	-11%
売木村	741	435	-41%
天龍村	2,239	1,014	-55%
泰阜村	2,237	1,565	-30%
喬木村	7,089	6,258	-12%
豊丘村	7,221	6,386	-12%
大鹿村	1,522	841	-45%

表1-1　飯田市とその周辺市町村の2000年と2030年の推計人口(市町村は2008年現在)

【2】人口減少時代には都市スプロールは致命傷

人口減少に起因する財政悪化は、都市を支える社会資本や住宅ストックへの投資余力の減少に直結する。ところが、日本では社会資本が国土レベルおよび都市レベルでの土地利用の効率を十分に考慮せずに整備されてきたことから、それらのストックが今後の人口減少に対して過剰となる一方で、維持管理・更新費は着実に増え、一人当りの負担が増大することが見込まれる。

国土交通省所管の社会資本（道路、港湾、空港、公共賃貸住宅、下水道、都市公園、治水、海岸）を対象とした維持管理・更新費の推計結果では、今後の投資可能総額が二〇〇五年度並みに抑制された場合、維持管理・更新費合計額が投資可能総額に占める割合が二〇〇四年の約三一％から二〇三〇年には約六五％に増大する。実際には投資可能総額は削減される可能性が高く、結果的に維持管理・更新費もまかなえない状況さえ考えられる。しかしながら、高齢社会に対応したバリアフリー化などの新たな投資は必要である。

住宅に関しても状況は同じである。需要の基本単位となる世帯については、規模の縮小が進むことから、人口減少の始まった二〇〇五年に遅れること約一〇年間の二〇一五年頃までは増加し、その後減少に転じると予測されている。現段階で日本の住宅ストックは欧米に比べて供給過多となっており、その傾向は今後ますます強まることになる。にもかかわらず、住宅は今後もつくり続けられなければならないことが問題を複雑にしている。ファミリー世帯は減少していくが、この層は適度な広さ・間取りや便利な立地条件を求めて、郊外部の戸建住宅・賃貸住宅よりも都市部のマンションに住みたいという指向が強い。しかし、現状ではそのようなマンションの供給が不足している。今後は「広い戸建住宅に住む高齢世帯」と「借家住まいを余儀なくされる若年世帯」のミスマッチがさらに顕在化する。また、戸建・賃貸住宅の空き家が増加し、その維持管理が困難になるとともに、治安に与える悪影響が問題となるであろう。

このような将来の状況に対し、都市域のスプロール的拡大が現在も続いている日本の都市は対応できるであろうか？　中心市街地の空洞化が進むことで、そこに整備されているインフラや建築物は非効率的な利用しかされないことになり、また維持も困難となる。一方、郊外部には低密で用途が無秩序に混合した市街地が広がり、しかもロードサイドショップなどによる土地の使い捨ても行われており、やはり非効率な土地利用が広がっている。以上の結果、都市全体として人口一人当りの社会資本・建築物の維持費用はスプロールによって増大すると考えられる。一方で、都市住民に提供するＱｏＬは低下してしまうのである。

【3】維持費用が高くＱｏＬが低い郊外のスプロール地域

二一世紀の日本の都市では、市民が求めるＱｏＬを保障した市街地を、財政制約を考慮して市街地維持費用を抑えながら提供していくことが求められる。その際に大きな障害となるのが、郊外部に無秩序に拡大してしまったスプロール市街地の存在である。これらスプロール市街地は、人口増加とモータリゼーション進展の過程で都市計画規制が緩やかであったがために形成された。このような地区は一般に、公共交通利便性や生活社会基盤整備の水準が低く、さらに低地や軟弱地盤といった災害危険地（ナチュラル・ハザード：Natural Hazard）であることが多い。

近年、大規模な水害や地震といった自然災害が頻発しているために、それらの被害の危険から住民を守る費用が莫大なものであることが認識されるようになってきている。日本の都市では、高度成長期に人が住むようになった水害危険地を安全に保つことを目的として、排水ポンプなどのために多額の建設・維持費をかけており、またいったん災害が起きれば莫大な復旧費用も必要となる。今後、地球温暖化によって異常気象が増加するとすれば、水害のリスクはますます高まる懸念もある。こうなれば、今後もその地区を市街地として維持すべきかどうかについて検討する必要が出てくるだろう。

ところが、岩盤上の高台のように、水害や地震による危険性が小さい地区であっても、スプロール市街地が形成されている場合には、その地区を維持するために必要な道路・上下水道・電力等エネルギー供給施設といったインフラへの投資は、一世帯当りで見ると大きなものとなる（1-1節【5】参照）。公共交通サービスの供給が困難であることからライフスタイルも自動車依存型とならざるを得ない。そうすると、高齢者をはじめとした移動制約者のモビリティ確保のための費用が大きくなり、交通に伴うCO_2排出も増大する。これらのことから、郊外スプロール地区は災害危険地と同様に、あるいはそれ以上に社会的費用の大きな場所であり、今後の財政悪化や高齢化を考えると、その存続が困難となることが懸念される。このようなリスクを、本書ではナチュラル・ハザードに対応する言葉として「ソーシャル・ハザード（Social Hazard）」と呼ぶこととする。このソーシャル・ハザードを水害危険性の大きさ（浸水深）に等価換算して示したのが図1-7である。

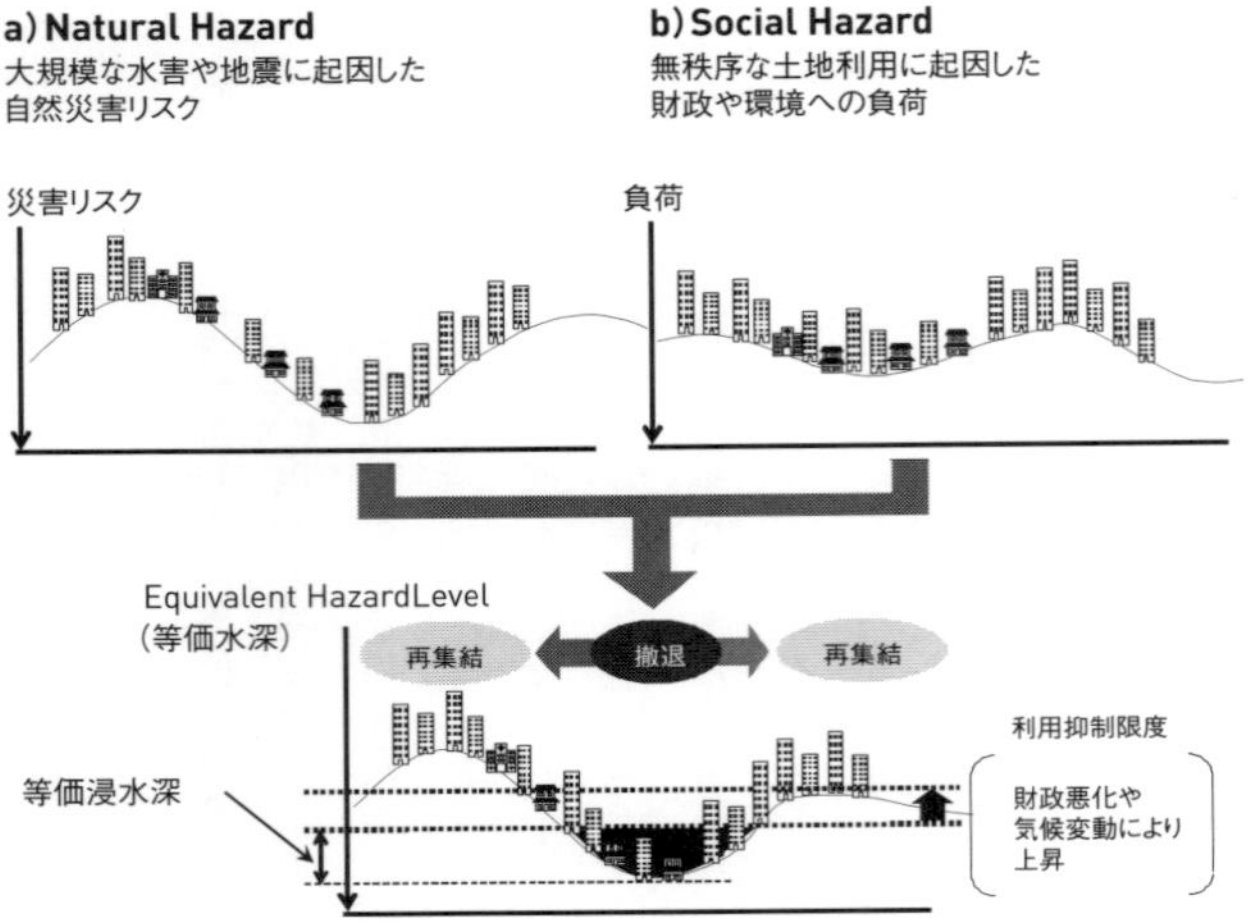

図1-7　「等価浸水深」として示したソーシャル・ハザードと市街地利用抑制

ソーシャル・ハザードを回避する方法は、適応策と市街地利用抑制策とに大きく二つに分けることができる。

適応策とは、現状の都市空間構造を維持していくことを前提とした対策、すなわち、例えば水害危険性の高い地区においては堤防を築いて氾濫を防止するといった方法である。この対応では、今後予想される財政悪化によって市街地維持費用が捻出できなくなると、リスク増大を招くことになる。このことは、低密に拡散した都市において、財政に相当の潜在的負担を与えるとともに、維持がままならないとなれば住民のＱｏＬ低下をもたらすことも考えられる。

一方、市街地利用抑制策では、等価浸水深が大きく、ＱｏＬ維持のためにかかる費用が大きい地区を市街地として利用することを抑制する。この場合、財政負担可能レベルに対応する水深、あるいは、残った土地だけで既存の人口を収容できる水深、などといった利用抑制限度水深を設定することによって、市街地利用抑制地区を抽出することができる。この施策によって、短期的には用地買収や建物・インフラ撤去の費用を必要とする。しかし、長期的には市街地維持費用が低減されるとともに、公共交通依存型都市への変化が生じ、高齢者を中心としたモビリティが確保されることでＱｏＬが増大し、地球および地域環境への影響低減効果も生じることが予想される。

【4】スプロール地区における市街地維持費用の増大

ソーシャル・ハザードである郊外スプロール地域を維持するために、どの程度の費用が必要となるであろうか。この値を求めることは、スプロールを抑制しコンパクト・シティを目指すことの効果を試算することにほかならない。ところが、これだけコンパクト化の必要性が主張されるようになった現在でも、意外にもその試算例は少ない。ここでは、筆者らが、長野県飯田

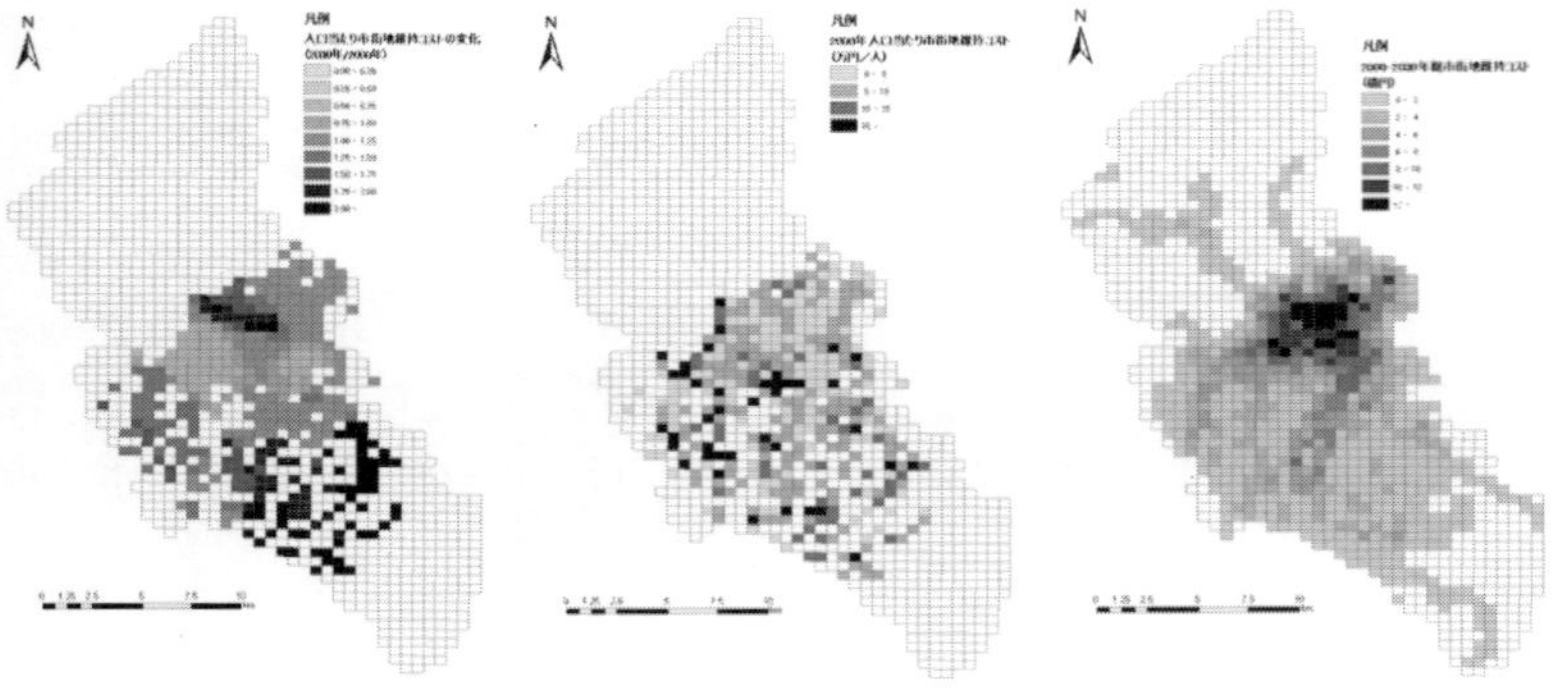

(a)総費用　(b)人口1人当り費用　(c)30年間の人口1人当り費用の変化

図1-8　飯田市における市街地維持費用の推計結果（2000～30年の合計）

市（二〇〇五年一〇月に二村を合併する以前の範囲）を対象として約五〇〇メートル四方のメッシュ単位で試算を行った結果を示す。

推計した費用は、ネットワークを形成している道路・上下水道の各インフラ、および図書館・公園・消防施設の維持・更新に関するものである。推計結果を図1―8に示す。図の(a)は、二〇〇〇～三〇年の間の総費用である。これは当然ながら、インフラや施設が多く存在する都心部で大きな値となっている。しかしながら、人口一人当りに換算した値である（b）を見ると、その傾向は逆転し、むしろ人口の多い都心部では値が小さくなっている。さらに興味深いのは、値の大きい地区が山間部よりもむしろ都市近郊部に散在していることである。また、三〇年間の人口一人当り費用（c）の変化を見ると、都市近郊部を中心に周辺地域で増加が大きくなっている一方、都心部では低下しているところも見られる。これは、都心部に比べ周辺地域で人口減少が著しいと予測されることが原因である。

これを踏まえて、今後どのような都市土地利用戦略が必要であるといえるだろうか？　最も単純な結論は、人口一人当り市街地維持費用の高い地区については市街地としての利用を抑制し、費用の低い地区に移転させることである。しかしながら、それを実際に行い、費用削減効果を得るのは困難である。ゾーニングによって、市街地利用抑制地区では将来の建て替えを不可能とする「既存不適格」の方法を行えば、次第に移転が進むものの、数十年の期間を必要とするし、その間はその地区に住民が残っているため、インフラを除去することができず、その地区の維持費を十分に抑制することができないからである。

上記の推計では、市街地維持費用の変化と人口分布とは全く別々に決まると仮定している。もしその土地の所有・利用に対し、市街地維持費用に応じた税負担を課したり、公共サービスをカットするような方式が採用できれば、市街地維持費用の低い地区に移転するインセンティブが生じる。しかし、そのような税負担方式を採用するためには、税制のあり方をよく検討する必要もあり、同時に公共サービスの地区間格差への住民の合意を得るのも容易ではないだろう。

つまり、スプロールを抑制し都市・集落をコンパクト化するための戦略とは簡単なものではない。土地利用や交通に関わる様々な個別施策を上手く組み合わせ、財政的にも大きな歳出増とならず、しかも市民各層の合意も得やすくなるような周到な仕組みが必要であるということである。本書の目的はまさに、その仕組みを提案することである。

1-4　水と緑の社会的価値

緑地（水と緑）は、人間の生命を支える本質的な環境資源であり、都市にとっても必要なものである。高度な経済、産業活動が集積する都市において、緑地を都市内に持続的に確保していくことは、何らかの社会的合意形成がない限り至難の業である。しかしながら、世界の都市はそれぞれ、固有の歴史的、自然的、文化的条件のもとに、珠玉となる都市の緑地を維持、継承してきた。

本節では、日本で水と緑の社会的価値について、どのような理念のもとに社会的合意形成が図られ、社会的共通資本として永続性のあるストックに転化されてきたのか、あるいは、逆に改廃を遂げたのかについて、近代化の歩みと対照させながら検討する。

【1】「群集遊観の場所」としての社会的価値【明治期】

江戸時代、花鳥風月、四季折々の変化を楽しむライフスタイルは、広く行き渡っており、全国各地の都市には、花見、夏の涼、紅葉狩り、雪見など、「群集遊観の場所」が、数多く存在していた。日本が近代化の道を歩み始めた明治初期、国家の政策として、全国に発せられたのが、この古くからの名所・旧跡を、新しい社会の公共の財産として担保するために、「公園」として指定するという太政官の布達であった。

「三府を始、人民輻輳の地にして古来の勝区名人の旧跡等、是迄、群集遊観の場所(中略)、高外除地に属せる分は、永く万人偕楽の地として公園と可被相定に付、府県に於いて右地所を択び、其の景況巨細取調、図面相添大蔵省へ可伺出こと」(明治六年)

この布達の特色は、地方の自立的判断を求めていること、すなわち、それぞれの県が独自に調査を行い、申し出るようにとしていることである。したがって、どのような緑地を当時の人々が、自らの郷土を代表するものとして選定したかは、大変興味深いものがある。この布達を契機として永続性が担保されたのは、上野、芝、浅草、飛鳥山(東京)、住吉、四天王寺、箕面山、浜寺(大阪)、他、全国津々浦々に及んだ。これらは、二一世紀の今日、改廃を遂げ、存在していないものもあるが、都市の文化的空間の持続的維持という観点からは、江戸と明治が一つの連続体としてつながったという奇跡を生み出すことになった。すなわち、都市における緑地の持続的維持に対する合意が、社会の中に強固に存在していたことがわかる。

【2】身近な自然環境・田園の美としての社会的価値【大正期～昭和前期】

都市の緑地を文化的ストックと見なす考え方は、戦前の都市計画の中で様々な政策により、具体化が行われてきた。中でも、大正期から昭和のはじめにかけては、欧米の都市と同様に、日本の都市計画においても、駆逐されていく自然環境と田園をいかに守るかが大きな課題となった。

このため、大正八年(一九一九年)に公布された都市計画法では、その目的を既成市街地の改良と、新たに市街地になる土地のコントロールと自然環境の秩序の維持においた。後者の手法として広く展開されたのが風致地区の制度であった。これは、ゾーニングにより、建蔽率、樹木の伐採、土地の形質の変更の制御を行い、緩やかな規制により、身近な自然、田園環境を守ったものである。一九四〇年代までに風致地区が指定されたのは、全国一〇八都市、八万五五〇〇ヘクタールに及んだ。対象は、身近な自然環境や田園景観を有する地区、歴史的風土を有する地区等であり、石神井、多摩川、善福寺、水元(東京)、東山(名古屋)、氷川神社(大宮、写真1－1)、青葉山、大年寺(仙台)、他、川崎、横浜、浜松、岐阜、宮崎、長崎など、今日の全国の都市の枢要な位置を占める。緑地環境は、この風致地区により、曲がりなりにも担保されてきた。

写真1-1　風致地区(大宮市:現さいたま市の氷川神社参道一帯、1934年指定)

【3】安全な都市環境としての社会的価値【昭和前期〜中期】

日本の都市における水と緑の社会的価値を考察する上で重要な観点は、「防災」である。木造住宅よりなる日本の都市では、市街地大火が頻繁に起こったため、江戸期には、日除地としてのオープンスペースが計画的に配置されていた。

大正一二年(一九二三年)に起こった関東大震災は、東京の下町を焦土と化したが、復興計画で採用された都市計画手法は、区画整理事業により、公園と道路を生み出し、その系統的配置により、火災の延焼を防止するという、「防災都市計画型パークシステム」であった。この考え方は、一八七二年のシカゴ大火の教訓を踏まえて策定、実施に移されていたパークシステムの考え方に準拠したものであり、並木のある広幅員街路と大小の公園をネットワーク化させることにより、安全な都市の再建を目指したものであった。奇しくもこの考え方は、その後の戦災復興都市計画に継承されることとなり、東京区部を含む一一五の戦災指定都市の復興計画に適用されることとなった。戦災復興都市計画として、目覚ましい成果を収めた名古屋市の久屋大通、若宮大通、広島市の平和大通り、仙台市の青葉通り、定禅寺通りなどは、この考え方から誕生した公園道路である。

一九九五年に起こった阪神・淡路大震災においても、都市の緑地は、火災の延焼防止、避難地、救援活動の拠点等として、大きな役割を果たした(写真1-2)。日本各地の都市は、直下型地震の危険性をはらんでいることを考えると、安全な都市環境を支える緑地のインフラの形成は、二一世紀の都市における最も基本的な備えでなければならない。

【4】レクリエーション・アメニティとしての社会的価値【昭和後期〜平成】

高度経済成長を経て、都市環境における豊かさやアメニティが希求された一九六〇年代には、様々の都市公園が全国各地につくられた（写真1–3）。一九七二年の全国の都市公園整備量は

写真1-2　阪神・淡路大震災で延焼を遮断した樹木と小公園（神戸市長田区大国公園、1995年2月）

写真1-3　お台場海浜公園（東京）

八六九八ヘクタール（一人当り三・四平方メートル）であったが、二〇〇二年には一万九四六九ヘクタール（一人当り八・五平方メートル）となった。しかしながら、子供の遊び場や身近な小公園の整備などが進んだ一方で、急速な都市の拡大により、自然環境の改廃は急速な勢いで進んだ。中でも、大都市近郊における長い農耕社会の中で育まれてきた里山などの身近な自然環境は、社会的共通資本とは見なされず、法制度が整わないままに、全国各地で急速な改廃が進んだ。

【5】地球環境問題の改善と緑地の社会的価値【平成】

以上、都市における緑地がいかなる社会的合意のもとに、社会的共通資本として形成されてきたかについて述べた。緑地の価値は、極めて複合的なものであり、時代により認識の視点は異なるが、その歴史的重層が、それぞれの都市のストックを形成してきたことがわかる。しかし、近年の日本では、水と緑が都市にとって重要な要素であるという位置づけは必ずしも十分に行われていない状況にある。

二一世紀における日本の都市で、水と緑はいかなる価値を持ちうるだろうか。前節まで「スプロールを抑制し都市・集落をコンパクト化する」ことの重要性を論じた。この施策を実施することによって生まれるのは、コンパクトな都市域と、生み出された空間を活用した水と緑の空間である。すなわち、都市をコンパクト化し豊かな空間を生み出すとともに、水と緑の空間を創出されることが望まれていると解釈できるのである。

公共交通を整備し、居住地に緑地と風の道をつくり、きめ細かな太陽エネルギーの利用を促進すれば、増大する一方の民生エネルギーの削減に向けての具体的道筋が見える。また、拡大した都市を折りたたむことにより、森林の再生、エネルギーの効率的利用が促進される。これらが、都市における緑地の社会的価値の今日的視点である。

参考文献
＊1 D・D・T・チェン「都心回帰で変わる市街地計画」、『日経サイエンス』、二〇〇一、pp.84-94
＊2 コンパクトなまちづくり研究会『コンパクトなまちづくり事業調査研究報告』、富山市、二〇〇四
http://www.city.toyama.jp/division/kikakukanri/kikakutyousei/buckup0405/compact.pdf
＊3 土堤内昭雄「人口減少時代のまちづくり 地域コミュニティの時代へ」、ニッセイ基礎研所報、Vol.40、二〇〇五、http://www.nli-research.co.jp/doc/syo0512c.pdf
＊4 国土審議会土地政策分科会企画部会『低・未利用地対策検討小委員会中間取りまとめ』、国土交通省 二〇〇六、http://www.mlit.go.jp/kisha/kisha06/03/030704/03.pdf

第2章

日本における土地利用計画の理念と実現手法の変遷

2-1 土地利用のあり方——全体性と個別性の二つの視点

現代の潮流を「全体性」から「個別性」への変化と捉え、
この変化が、土地利用計画も含めた行政目的の実現手法全般に影響を与え、
特に計画行政に影響を与えていることを明らかにする。

2-2 計画実現手法の変遷

「全体性」から「個別性」への移行に伴う計画実現手法の変遷を示す。
また、行政における計画手法として、従来の規制手法と給付手法に加え、
合意的手法が多用されている現状を述べる。
さらに、個別化への潮流に従って合意的手法への傾斜がみられること、
及びその動きがはらむ問題点についても言及する。

2-3 交通計画と土地利用計画の一体化

社会基盤計画と土地利用計画の特徴を整理し、
両者の一体化の必要性を示す。
さらに交通と土地利用の一体的計画として制度化されている
都市計画の変遷とその問題点について説明する。

2-4 全体性と個別性の調和に向けて

全体性と個別性の調和に向けた合意的手法を実質化するための条件として
参加と妥協・負担のあり方を述べる。
また、競技団結成とその利害調整資源保有の必要性を示し、
妥協のための科学的知見の役割について述べる。

2−1　土地利用のあり方——全体性と個別性の二つの視点

日本において、第1章で明らかとなった諸課題に対応し、二一世紀の新たな土地利用のあり方を明らかにするためには、これまでの計画実現手法の変遷やその問題点について把握しておくことが必要である。本章は、まず、二〇世紀から二一世紀への都市を含む社会経済状況の潮流を「全体性」から「個別性」への変化と捉えた上、この変化が、土地利用計画も含めた行政目的の実現手法全般に影響を与えていることを明らかにする。ここで「全体性」「個別性」という用語は厳格に定義されたものではない。個々人の幸福を直接実現しようとする方向性を個別性といい、個々人に着目するよりは抽象化された全体の利益に着目する方向性を全体性という。行政計画において、全体性は広域計画を、個別性は狭域計画を指向し、あるいは、全体性は公益を指向し、個別性は私益を指向するという程度の含意にとどまる。この意味で、ここでの主題は全体性と個別性の調整といってもよいし、広域性と狭域性の調整、あるいは公益と私益の調整といってもよい。いうまでもなく、今日的なＱｏＬへの要請はこれらの両立である。

次に、新たに登場した個別性重視の手法には一定の限界があり、今日これを克服することが重要であることを述べる。この場合、交通計画と土地利用計画を対比すべき計画として想定しながら考えることとする。交通計画は全体性を指向し、土地利用計画は個別性を指向すると位置づけられる。したがって、個別性の限界を意識しつつ両者の調和を論ずる舞台として適当だと思われるからである。ただし、交通計画と土地利用計画の調整について直接論ずるものではない。あくまで一応の想定対象にとどまる。

また、本章では社会基盤計画（開発計画）と土地利用計画を分けて考える。前者は公共事業によって地域に変化を生じさせる計画、後者は個々の私人による建築その他の行為による土地の集合的利用に関する計画、という意味で、計画手法が異なるものとして対置している。広域交通計画は社会基盤計画に属し、都市計画の地域地区などは土地利用計画である。しかし、いずれも土地についての計画であり、両者をまとめていうときには「土地利用計画」一本で総称することにし、本章の題名にある土地利用計画はこの意味で用いられている。ただし、本章では両者を総称するときは「国土計画」という言葉を用いる場合もあることをあらかじめご了解いただきたい。

2–2　計画実現手法の変遷

【1】全体性から個別性への移行

よく知られているように、復興期を含む戦後初期には、国家全体としての経済成長を目指すことが国家課題であったが、その後高度成長達成後の繁栄の中で次第に個々人の生活向上への指向が高まり、国家全体としての統一的な課題への関心は低下した。これがまさに全体性から個別性への変化であり、国民のＱｏＬに対する価値観の変化に対応している。国土計画においてもまた、全国計画よりは地域計画が、開発計画より土地利用計画が重視されるようになった。

この基本的潮流をもう少し具体的にみれば、最近における次のような諸点を指摘することができる。これらが、国土計画の内容や手法についての今日の問題の背景にある。

①地方分権……最近、地方分権が強調され、地方自治法改正をはじめとする大きな制度改革もなされた。全国を画一的に律するのではなく、地域ごとの特色を重視しており、これは明らかに個別化の方向を示している。

②民営化……行政機関がやってきた仕事を市場に任せる。市場に任せれば、多様な需要に応じたいろいろな知恵が出て、個別性に対応できるという考えである。

③規制緩和……法令で全体を一律に規制するのでなく、市場や地域の自由な選択に任せて、各個人の生活上の需要に対応した供給が多様にできることを狙いとしている。

④住民参加……政策づくりや環境問題解決における住民参加の要請が高まり、必要な法改正も次々に行われている。高度成長時代のような画一大規模施設の建設でなく、地域住民の要求にきめ細かく対応した行政が求められている。ある地域に一本目の道路をつくる場合と二本目の道路をつくる場合を比べれば、一本目は是非とも必要なもので異論はないが、二本目となるとその効用は一本目より低下する(限界効用逓減)ため、いろいろ注文がつく。やはり、個別化の方向である。

⑤措置から契約へ……社会福祉分野などで、措置から契約への制度変更がみられる。保育所、介護施設など行政が一方的に入所先を決めるのでなく、私人が自ら施設を選び契約し、それを行政が財政的に支援する手法である。これも、個人の意思を重視した個別化の方向を示す。

⑥司法制度改革……弁護士を増やして訴訟をやりやすくしようとする目的で法科大学院も創設された。裁判は主観訴訟をその本質とし、その活性化は個別性重視の一環として理解できる。

行政訴訟は、全体的平均性によって権利利益を害された個人が個別性を公式に主張する場である。

【2】行政手法としての合意的手法

ＱｏＬへの価値観変化に対応して個別性への要請が高まる中、行政手法も変化してきた。行政目的を実現する手法は、一般に、規制手法と給付手法に二分される。規制とは国家の側から一方的に強権をもって私人の権利自由を制限する手法であり、行政の許認可権として現れる。給付手法は、公共事業、教育、社会保障、ごみ処理、各種補助金など、サービス提供行政として現れる。サービスのメニューは行政側により一方的に決定されるが、原則として私人の側からの申請や同意が前提となる点で、強制の要素は半減する。

筆者はさらに第三の分類として合意的手法を取り出すべきものと考えている。これは、行政と私人が納得ずくで一定の行為がなされる場合である、具体的には、①行政指導、②契約(協定)、③参加手続(協議)、の三つを挙げることができる。これらはいずれも、比較的最近に活用されるようになった非権力的な手法である。

三つの分類は、時代の変化と対応している。行政が資源を十分持たない時代には、強権的にことを進めるのが一般的である。戦後初期の経済成長を目指す時代は、国民的課題が統一されていたから行政が一方的に行為した。この時代は規制手法が中心である。やがて、行政が相当の資源を持つようになると、それを国民福祉の向上のために配分することになる。その局面では、私人の求めを受けてサービスを提供するという基本構造が成立する。ただし、サービス内容は画一的に行政側で決められる。これは給付手法である。さらに、高度成長後の成熟社会では、各個人・団体の望むところが尊重されるだけの余裕が生まれ、私人と行政との合意が重視される。ここで合意的手法が登場する。もとより、第一段階の規制、第二段階の給付、第三段階の合意は重畳的に利用されているのであって、前のものが消えて次が登場するという関係ではない。

以上の傾向は、計画において顕著に現れる。行政における計画手法は、規制行政中心の時代には例外であり、第二段階の給付行政の時代に、その盛行をみる。そして現在のような第三成熟段階では合意的手法の登場がみられる。首都圏計画においては規制的手法がとられたが、開発計画の中心的実現手段は公共事業(給付手法)である。そして最近のまちづくり計画では、合意的手法たる行政指導や協定が多用されている。

規制は通常、全国一律である。だから法律により基準が示される。一方、給付は個人や地域の実情によって異なる。だから地域ごとあるいは給付種別ごとに計画という手法によって基準が示される。そして合意的手法は、合意内容が個別的であって基準化になじまない。だから計画の内容よりも計画の実施段階に重点が移る。このように説明することも可能である。

以上のように、個別化への潮流に伴って合意的手法への傾斜がみられるが、これに問題がないわけではない。全体性の観点からして個別化の限界が存在する。

①行政指導

地方自治体を中心に、地域づくり、まちづくりにおいて行政指導が多用されるようになったのは比較的最近のことである。行政指導は元来、相手方の任意で遵守されるものである。しかし、指導に従わないと建築確認を保留したり、水道水を供給しなかったり、あるいは氏名を公表したりと、背後に強権をしのばせて遵守を迫ることが行われ、紛争が生じることもある。ある私人の個別行為を全体の観点から納得ずくで調整しようとするものであるが、ときにこれが強制にわたる場合が生ずるのである。こうした病理に注目する必要がある。行政指導は、行政手続法にも正規の手法として明定されており、強要禁止などが定められている。任意と強制の混交、すなわち全体性と個別性の混交がこの手法の問題点である。

また、行政機関の指導に相手方が従ったからといって、それが他者に影響を及ぼす場合もありうる。一部の合意が合意の名の下に全体を律する危険も認識されなければならない。

②契約（協定）

契約手法は、まちづくりや環境保護の計画局面において多用されている。建築協定、緑地協定、公害防止協定など都市部で行われるもののほか、農地、森林、漁場など一次産業の場における協定が法律上に制度化されている注1。協定は行政庁と私人が締結する縦型協定と、複数私人が相互に協定してこれにつき行政庁の認可を得る横型協定に分かれる。いずれの場合も、問題は、協定を破った者に対するサンクション（制裁）である。規制手法ならば、違反すれば罰則や代執行などの強制が加えられる。これに対して契約の場合は、契約違反を裁判所に訴えて民事的手法で解決しなければならない。それには少なからぬ費用負担の問題がある。また、多数者による協定の場合、内容を十分理解し、実現可能性を確かめた上で締結することは容易ではないから、後日協定破りが生まれる危険がある。また、行政庁の背後の強制が事実上締結を強制する結果となり、任意性の陰に隠れた強制(「法律による行政」の原理の潜脱)の恐れがある注2。いずれも個別性を重んじて出発した全体性確保が、後日再び個別性の前で危殆に瀕する例である。

③ 協議

私人が行政過程に参加し、意見を述べ、行政と協議をして、結論に至る手続であって、各種フィジカルプランにおける参加手続としての一般化がみられる。全国計画でも全国民に意見提出の機会が法定された(全国国土形成計画、環境基本計画)。条例で廃棄物処理施設などの嫌悪施設や高層建築などの建設につき、事業者に行政庁や住民との協議を義務付ける例も多い。協議の重要性を示す判例も登場するに至った注3。騒音等の交通被害につき沿線住民との協議が行われる実例も多い。訴訟に至る例もある。個別性を重視して狭域的協議を尽くす一方で、広域交通のような全体性を指向する施設との調整を行うのは困難である。

協議はまた、行政主体間でも多用される。特に、国と地方公共団体の間で機関委任事務が廃止された現在、協議を通じて合意により行政を進めることが一般的な手法となりつつある。市町村と都道府県が協議し、国と地方公共団体が協議することは、狭域性と広域性の調整を狙いとしている。協議を複数行政主体が一堂に会して行う協議会方式は、それ自体、個別性と全体性を調和させようとする方式である。

先に述べた行政指導と契約も、そこに至るプロセスとして協議が行われているが、行政指導や契約という形式ではない各種の行政活動において協議が共通手法として重要になっているので、あえて別項として立てた次第である。協議は、もとより不成立の場合もあるが、成立を理想形としているので、合意的手法に分類することができる。

2-3　交通計画と土地利用計画の一体化

【1】社会基盤計画と土地利用計画

日本に現在ある約六〇〇種の法定計画を、その内容に従い分類する。まず、物的計画(フィジカルプラン。全計画の約半数に及ぶ)と非物的計画(ノンフィジカルプラン)とに区分される。物的計画とは土地に対して直接的な影響を与える計画であり、非物的計画はそれ以外の計画である注4。そして、物的計画はさらに社会基盤計画(開発計画)と土地利用計画(狭義)に区分される。

社会基盤計画は、国土の全部または一部を対象として、主として公共事業の実施を通じて国土の環境を変化させ新たな姿に形成する計画である。一方、土地利用計画は、国土の全部または一部を対象とする点は同じであるが、主として民間活動を誘導して国土の適正な利用を図る計画である。前者は計画の名宛人が公的主体であり、後者は計画の名宛人は私人である。戦後初期の計画はもっぱら開発計画であったが、経済成長とともに次第に民間活動が活発化し、土地利用計画が登場した。

社会基盤計画が公共施設整備(公的事業)を中心手法とするということは、全体性(広域、公益)を指向するものであり、他方土地利用計画が不特定多数の土地利用に着目するということは、個別性（狭域、私益）を指向するものである。

交通インフラである道路、港湾、空港などは公的主体により整備され、鉄道もまた私鉄も含めて公的色彩の強い主体によって整備される。その意味でもっぱら社会基盤計画の対象である。他方、民間企業や一般国民による土地利用活動を整序する土地利用計画は別系統の計画として観念されてきた。その大きな理由は、公的主体の事業であれば計画という形でその実施を約束することができるが、民間活動であれば自由主義経済の下ではこれを公的事業と同様のレベルで政府が左右することはできない、という点にある。したがって、計画実現手段も前者ではもっぱら事業のための財源（予算）をつけるということにあるが、後者については不特定多数の私人の土地利用を規制し、あるいは建築行為を誘導するために補助金や租税優遇等の給付をするということで、両者には大きな違いがある。

これら両者の一体化はかねての課題であった。社会基盤計画と、民間企業による土地利用（工場）との連結は行政計画初期にも既にみられた。当時、公的事業は民間企業の立地を誘導するための主要な手段であった。広域的な交通施設整備と企業立地が相まって地域の発展を指向した。そこでは公私の一体化が強く意識されていたといえる。ただし、民間企業の立地は不特定多数者による一般的土地利用と違って、特定企業による特定地域の利用に限られたものであったから、あえて私的活動を整序する土地利用計画を必要とするものではなかった。

その後、経済成長に伴って、不特定多数の国民の土地利用への動きが活発化するとともに土地利用計画の必要性が高まり、都市計画法、農振法、そして地価高騰を契機とする国土利用計画法と、制度面の充実をみるようになった。

元来出自を異にして登場した両計画であったが、不特定多数者による土地利用は当然のことながら公的事業に依存するところが大きい。また逆に公的事業は私人の土地利用に対応して行われなければならない。とすれば社会基盤計画と土地利用計画(狭義)は本来一体として策定されるべきものであろう。国土総合開発法と国土利用計画法の二元的構造は早晩解消されるべきものと考えられる。二〇〇五年に国土総合開発法を改正して制定された国土形成計画法の第六条七項は、国土形成計画全国計画は国土利用計画全国計画と一体のものとして定めなければならないと規定するに至ったが、なお制度の本格的一本化に至ってはいない。

行政計画への住民(国民)参加という手続的側面からも、両者の統合が期待される。私人を対象とする計画ならば当然参加手続が用意されようが(都市計画、農振計画などにおける参加)、公的主体による公的事業の計画についても今日では参加手続が必要とされる(国土形成計画においても「国民の意見を反映させるために必要な措置」を講ずべきことが規定されている。それ以前に、河川法において河川整備計画につき関係住民の意見を反映させるため必要な措置を講ずべきことが法定されている)。住民は、当該地域における自らの生活の観点から、私的土地利用と公的事業を一体として捉えて意見を述べるはずである。舞台は一つであるのがよい。

社会基盤の中でもとりわけ交通インフラ(道路、鉄道など)と不特定土地利用との接点は大きい。公園、下水道、学校、病院などは狭域施設であるが、交通インフラは本来広域的土地利用を視野に置く。したがって全体性と個別性という課題は顕著に出てくるであろう。

しかし一口に両者の統合といってもその具体的方法は明らかではない。自由主義の下で民間活動をどのようにコントロールするかという基本問題があるからであり、また計画技法としてどのような手法があるのかまだ十分研究されていないからである。実際に策定されている国土利用計画と国土総合開発計画を比べて、計画家は両者を一体化させる技法を直ちに想定できるであろうか。道路・鉄道の整備と私人の不特定土地利用をどのように組み合わせればよいのか。従来のインターや駅周辺に企業を誘致するというような、特定利用に限定されない土地利用をどう取り込めばよいのか。幹線道路沿道整備法による沿道地区計画のような手法も既に制度化されているが、環境対策という特定領域の部分的計画論にとどまる。交通と土地利用の調和の計画論は法律的には今日なお未開の段階にあるといえる。

【2】両者の一体的計画としての都市計画とその問題点

日本において公的事業と私的土地利用が一体の計画として制度化されているのが都市計画である。都市施設・市街地開発事業に関する事業系都市計画と、地域地区などに関する土地利用系都市計画が相まって、一つの都市計画として構成されている。

現行の都市計画法は、昭和四三年に旧都市計画法(大正八年法律第三六号)を全改して制定された。この背景として、開発計画と土地利用計画の関係でもみたように、戦後一段落した時期に、私人の行為が活発化し、無秩序に土地利用を形成し、公的事業が後追い的に実施されるので、都市全体の健全な発展が阻害された事実があった。新法は、市街化区域と市街化調整区域の制度を導入し、開発行為を許可にかからしめて、公私の行為の整合一体化を図ろうとした。戦後初期の開発計画における大規模私的開発(工場立地)と比べれば、不特定多数による小規模な私的開発行為の整序が課題であったのである。そこでは、公的事業(交通施設や区画整理事業など)による私的開発行為の誘導という手法より、主として規制手法（開発建築行為の許可制）が中心となった。一方、公的事業はあいかわらず後手に回る傾向があった。制度は整っても、規制手法の限界、すなわち規制は市民に好んで受け入れられるものではないという性格と、他方で公的事業の財源が満足ではないという事情から、都市計画の実際は必ずしも制度の狙いを実現するものとはなっていない。

都市計画においても、全体性より個別性を指向する性格が強くなった。広域的公的事業はその役割を相対的に弱めたのである。昭和四三年の新法制定時に、都市計画権限は国から地方公共団体に全面的に委譲され、個別化の方向へ大きく踏み出した。加えて計画手続は市民参加を重視するものであった。その後の法改正で、市民参加手法が強化され、個別性への傾斜を一層強めた。この間、都市計画マスタープランの強調など、全体性視点の必要性も認識されたが、これも個別性強化の実態があったからこその措置であった。昭和五〇年には地区計画制度が導入され、平成一二年には市町村条例による参加手続の追加制度、平成一四年には計画提案制度の新設などの制度のほか、運用における住民の参加実態はよく知られているところであり、また裁判が各地で多発している。画一的な規制手法が参加手続によって相対化されるという見方ができよう。参加が徹底すれば合意的手法が活性化する。地区計画における協定、緑や景観に関する協定など制度化されたものもあるし、市民が相互に合意して各種の行為をする実態が各地にみられる。このような傾向の中で、全体性に関わる交通施設をみれば、市民が環境の観点から反対参加することはあっても、都市全体の交通のあり方という広域的な観点からの参加は乏しく、個別性と全体性の調和の視点には欠けるところがあった。

以上のように、都市計画は私的土地利用の整序と公的施設（ここでは交通施設を念頭に置く）の整備をともに一つの計画として定めるものであり、しかも個別性という現代の要請に応える制度構造を持つものであるが、実態としての公と私の調和(交通と土地利用の調和)は必ずしも満足すべきものではない。補章に、現行都市計画が抱える問題点をいくつか述べる。

2-4 全体性と個別性の調和に向けて

合意的手法を実あるものにすることは、今後の計画において一層重要性を増すであろう。形だけ参加を認め、協議をしても、合意が成立しなければ問題は半分しか解決しない。また、行政指導の受諾や契約(協定)に至っても、それが相互の真意に基づく実現可能なものでなければ実際上の効果は減殺されるから、ここでも最終協定の締結に至る協議合意プロセスが重要である。以下、合意的手法を実質化するための条件を考えてみる。

【1】参加と妥協・負担

多数者に影響する一つの意思決定が適切であるためには、これに関連する利害関係者が意思決定に参加して協議し、利害調整が行われることが有効である。日本の行政プロセスにおいて利害関係者の参加が一般的な手続となったのは比較的最近のことに属する。計画行政は元来多数者の利害に関わるから、参加手続導入の尖兵であった。

参加手続の初期には、参加すること自体が重視され、参加機会を設定することが重要であった。参加者は、行政に対して単に要求を突きつける、行政はもっぱら防戦に努める。これが初期の姿であった。それは、経済成長にせよ公的施設整備にせよ絶対的不足の時代であって、行政がなすべきことがはっきりしている時代の特徴だといえよう。

物的条件が整い各個人の幸福を追求する余裕が生まれた時代においては、行政と参加市民の協働が求められるようになる。ここで必要なことは、妥協と負担である。行政対市民という構図ではなく、参加した多数市民相互間の利害調整も必要である。ある決定によって、利益を得る人と不利益を受ける人が出たり、意見の違う人が出たりする。したがって、相互に妥協が必要になる。また、妥協の覚悟とその訓練も必要となる。小さな団体での意見集約を次第に大きな団体の意見集約に高めていく。このために何段階かの団体を形成するといった手法も現実的だろう。

利害調整が終わり計画が固まれば、その実施もまた行政と市民が協働で行わなければならない。ここでも、市民が積極的に参加することが必要になる。すなわち自ら負担して、まちづくり計画・地域計画を実施することが重要となる。行政にその有する資源の配分を要求するだけではなく、自ら負担することで真の参加が実現する。地区計画の地区施設整備において地権者の負担が伴うことで計画の実効性を高めることは、かねての懸案でもある。ドイツではBプランにおいて地権者の負担制度を導入している。日本では、各公共施設法にみられる受益者負担金制度があまり実効していないが、市民相互の協議を通じて自発的に制度が動いていくことが期待される。立地企業による地区整備負担は行政指導という形で多くの自治体でみられるところであるが、現在のところ非公式な手法として位置づけられているにとどまる。

負担は金銭負担ばかりではない。市民が公園の清掃を行い、福祉活動に参加し、協議の場の設営、運営を行い、といった行動それ自体も立派な負担である。NPOがその場面で活躍する余地も大きい。これも負担の一つの形態である。NPOの活発化は、負担に関する市民の意識が積極的になってきたことの現れでもあろう。

【2】協議団結成とその利害調整資源保有の必要性

諸利益の調整を図るために協議団を構成することが有益である。いわゆる住民参加も団体として行うことが利害調整の条件となろう。一定のまとまりで意見を集約して、他のまとまりの異なる意見と調整するという手法をとることが実践的である。それは、一過的なもの(課題ごと)でもよいし、継続的なものでもよい。制度化された最近の例では、「中心市街地の活性化に関する法律」による中心市街地活性化協議会がある。

広域的交通施設と狭域的土地利用との調整のための協議会では、メンバー構成に工夫が必要である。地域的な参加者の範囲が異なるし、利害の質も違うからである。しかしこのような異質の利害調整であっても一つの協議の場を設けることは重要であり、可能でもあろう。例えば、鉄道の新設または廃止に関しては自治体・沿線住民と交通事業者との協議の場が設けられ、その理由や進め方について詳細な議論が行われることが一般的である。また、高速道路における沿道住民との対話も行われている。それらがある程度一般化された形でまとめられ、他に利用される可能性もあろう。

参加協議といっても、利害関係者のすべてが参加できるわけではない。特に、異質の利害については協議の実があがるかどうか疑問もある。一部の利害関係者の合意が全体を律することの危険もある。この事態に対しては、声なき声をできるだけ掘り起こすこと、行政が非参加者の声を代弁すること、そして科学性、客観性の確保手続で補うことが必要である。そして、後に補章でも述べるように行政を主張官と審判官に区分して協議に臨む工夫も必要だろう。

行政の側でも、複数の主体が協議会を構成することによって意思統一を図る手法は、既にいくつか法制度化されている。国土計画においては、中部圏開発整備法において地方協議会が基本計画の案を作成する制度を導入した。これは地方公共団体がメンバーとなっているもので、いわば地方自治尊重のはしりであった。国土形成計画法の広域地方計画協議会は、国の機関と地方公共団体の両方が一つの会を構成している。

協議会が計画作成なりその実施なりに実質的な役割を果たすためには、工夫が必要である。単に場を設けただけでは、アリバイづくりに終わってしまう。裏で実質的な利害調整が終わった後で形式を整えるだけであったり、当たり障りのない事項が協議されるだけのサロンにとどまる危険がある。協議が利害調整の実質を担うためには工夫がいるのである。

この工夫として、協議会が資源を持つこと、端的にいえば資金を持つことが有効であろう。利害調整に当たっては、利益を得るものと不利益を蒙るものとが出る。この間の調整のために受益者から他方への資金付与が有効であろう。こうした調整金は既に、例えば上流自治体と下流自治体間の事業費負担が制度化され（水源地域対策特別措置法一二条）、水道原水水質保全事業につき水道事業者の負担金制度（水道原水水質保全事業の実施の促進に関する法律一四条）などが存在するし、各公共施設法（道路法、河川法、都市計画法など）に受益者負担の制度がある。道路事業と公害の調整については、複数の行政主体が連携して沿線住民に対する環境保全措置を講じていくことも行われている。しかしこれらは、協議会の権能として、負担金の使途決定や配分を行う仕組みにまで至っていない。受益者から被害者へ一対一で調整金を付与するよりは、複数者が厚薄の利害調整を行い、その中で資金配分することが妥当であろう。また、事業や施策の実施についても、協議会自身が実施資金の一部を持つことは有効であろう。調整資金と実施資金はいずれも、協議会を実質化するために有効な手段である。

行政の協議体においてもまた、協議会自体が資金を持ち、資金を配分する権能を持つことが利害調整や協働にとって有効である。予算は国会や各自治体議会で議決されるが、各議会は協議会に一定の予算を配分し、その具体的使途配分を協議会にある程度委ねるわけである。

【3】科学的知見の保持

協議会の利害調整が実効的であるための条件として、協議が科学的知見の下でなされるべきだということがある。利害調整といっても生の利害をぶつけ合っているだけでは前進がない。妥協のためには、科学的知見の役割が大きい。現在の利益でことを計るのではなく、将来をも見据えた考察が必要である（時間的利害調整）。過去の歴史から学ぶこともあろう。諸外国の経験から学ぶこともあろう。対立する意見を止揚する方法を知ることも重要だろう。これらは、学問に期待される分野である。広域的な計画では、特に科学的知見の役割は大きい（空間的利害調整）。狭域土地利用と広域交通が対立するときは、住民の生の利害と科学的な妥当性とが衝突することも多いことになる。

人の意見が時間的に短期的なものに傾き、空間的に狭域に傾く傾向があることは、経験則であろう。そこを科学、学問が補完するのである。

もとより、学問は全能ではない。特に、国土計画・都市計画の分野では最終的にはそこで活動する人々の決定こそが最も重視されなければならない。だが、その最終決定に至る過程で客観的に行われる調査研究と科学の役割は大きい。この点で制度論としては、協議会と審議会との機能分担や関連付けのあり方が、今後検討すべき課題の一つであろう。

【4】最終的決定権の留保

合意のための協議は、最終的な決定の方法をあらかじめ定めておくことによって真摯なものとなる。メンバー全員が拒否権を持つような協議は、当初の意気込みとしては重要であるが、最後までそうであることは問題である。最終決定方法も工夫が必要である。単純に多数決とするわけにはいくまい。少数者の利益の保護、現在はみえないが将来顕在化する利益への配慮、専門技術的な事項の処理などは別の決定手法を工夫する余地がある。上級機関に決定権を委ねる、審議会諮問手続による、などがあろうが、いずれにせよ多くの経験から手法を学び取っていくことが必要である。最終決定法をあらかじめ定めることは、協議会に重要事項を付議することにつながり、協議過程を真剣なものとすることにつながる。もっともこのことが他方で、協議過程を疎かにしてしまう危険も伴うので、運用には注意を要する。

【5】今後の計画づくりに向けて

以上、日本の土地利用計画手法が抱える問題点について述べてきた。日本社会の潮流が「全体性」から「個別性」へと移ってきたことは事実であり、これは欧米諸国においても同様の傾向にある。これは経済成長に伴ってＱｏＬへの価値観が経済雇用機会から多様化してきたことと軌を一にしている。この結果、計画実現手法は、規制と給付という従来型の行政手法だけでは対応できなくなり、新たに合意的手法の導入が試みられるようになってきた。この時大切なこととして、行政による透明性の高い検討・実施プロセス、利害関係者の実質的参加による妥協形成と負担認識の共有、そして、協議における判断材料の科学的・客観的提供といったことが挙げられる。また、全体性に対する目配りが必要な広域的な交通インフラの整備と、利害対立が著しく個別性への目配りが必要な土地利用計画の間で調和をとることは必然的に困難である。

第４章では、第１章で示した二一世紀日本の都市づくりの課題を、ＱｏＬへの価値意識の変化および持続可能性の観点から整理し、「交通と水・緑のコリドー」「クオリティ・ストック」というキーワードに象徴される、新たなビジョンや戦略の必要性を論じる。その上で、この全体的な概念を実現する具体的な手法として、第5章で「撤退・再集結」の考え方とその進め方を示す。この時、従来の計画手法に追加して、「経済インセンティブ」を利用した立地誘導と財源調達手法によって個別性を調整することが必要であることについても述べる。

補注

注1――詳しくは拙著『実定行政計画法―プランニングと法』有斐閣、二〇〇三、一八九頁以下参照

注2――秋田地判平成四年三月二七日判時一四一六-四七・仙台高裁秋田支判平成七年七月一一日判時一五四五-二六（八郎潟干拓地売買予約完結権行使事件）

旧八郎潟新農村建設事業団法による大潟村農地整備・施設造成基本計画が変更（従来の水田単作方式から田畑複合方式へ変更）されたのに、これに反して水田耕作をした者に対して農地を売り渡した国が当該農地の再売買予約完結権（つまり買い戻す権利）を行使したが、所有者が明け渡さないので国が原告となってその明け渡しを求めたものである。計画違反の場合は予約完結権を行使する旨の契約がなされていた。当該契約に基づく予約完結権の行使が権利濫用になるかが争点になった。一審は権利濫用に当たるとした。控訴審はそれを否定して国を勝たせたが、契約に定めた合意事項であっても、必ずしもそれが実現されるわけではないことがあるという合意の限界を示す事例である。

注3――最二小判平成一六年一二月二四日判時一八八二-三（紀伊長島町事件）

ある業者（X）が産業廃棄物中間処理施設の設置を計画したことを察知した紀伊長島町は、水道水源保護条例を制定して、施設設置予定者が町長と協議するよう義務付けるなどの手続を定めるとともに、施設の設置を禁止できる条項を設け、これによりXの施設を禁止対象として認定した。Xは別途廃棄物処理法による県知事の設置許可は得たが、この条例による禁止により施設設置ができないので、上記認定の取り消しを求めて出訴した。最高裁は、Xと町長との協議が十分なされていない場合においては当該施設を設置禁止施設と認定した処分が違法となるとし、事実関係審理のため、事件を原審に差戻した。協議という手続が重視されたケースとして注目に値する。

注4――計画の分類について詳しくは、拙著『実定行政計画法―プランニングと法』有斐閣、二〇〇三、五三頁以下参照

第3章 諸外国における土地利用・緑地・交通システムの考え方

3–1 コンパクト・アーバン・グリーン（ミュンヘン）

ドイツの地域計画の歴史的経緯について述べる。
ミュンヘン都市圏のコンパクト（外形）、アーバン（多様性の融合）、グリーン（緑と地球環境）というコンセプトに基づいた地域計画・都市開発プロジェクトを紹介する。

3–2 立地効率性を高める土地利用・交通の統合策（米国各都市）

米国におけるTODに関連したインセンティブ制度を概観し、
制度の中枢概念であるLE（立地効率性）の政策的含意を考察する。
LEはトランジットエリアでの市場連携とネットワーキングを促し、
サービス・住宅取得・投資機会を一体的に改善するという
戦略的意味を有することを示す。

3–3 街区を形成する伝統的都市空間と現代の住宅団地（パリ）

パリの市街地において典型的に見られる中庭型共同住宅家屋の成立メカニズムやその意義について考察する。
さらに、それとの関係において現代の住宅団地のデザインについて述べる。

3–4 持続的社会を支える水と緑の広域パークシステム（ボストン）

持続的社会を支える緑地インフラの再生手法として、最も優れた事例の一つと考えられる、
アメリカ・マサチューセッツ州の「ボストン広域緑地計画」について、その誕生の経緯と一世紀を超える歩みを述べる。

3–5 コミュニティ戦略を担うパートナーシップ（ブリストル）

イギリスで導入された戦略的パートナーシップ（LSP）が担うコミュニティづくりを、
ソーシャルキャピタルの形成という観点から考察する。
さらに、衰退の防止につながる評価システムの活用について紹介する。

第1章では、日本が人口減少・経済成熟時代を迎えた現在でも都市域を拡大させ、今後の世代に高いＱｏＬを保障するような良質な都市ストックを残すことが困難と予測されることを述べた。加えて、厳しくなる一方の財政・環境制約にもかかわらず高い維持費用負担と環境負荷を余儀なくされ、最終的には社会的・経済的に持続不可能になる可能性があるということを述べた。では、このような状況を回避するために、いったいどのような施策を講じていく必要があるのだろうか。

そこで、今後の日本が進むべき方向性のヒントを得るために、一足先に経済発展を遂げ、都市化が進んだ欧米の都市において、都市域を魅力的な空間として保つためにいかなる工夫を行ってきたのかを調査分析することとした。本章では、ドイツ・ミュンヘンにおける持続可能な土地利用・交通システム、米国におけるＴＯＤ(Transit Oriented Development)施策を支える理念と制度の枠組、フランスにおける伝統的な街区形成メカニズムと新興住宅団地の考え方、米国・ボストンにおける水と緑のインフラ形成、そして、イギリス・ブリストルにおける地域コミュニティ形成のための戦略、のそれぞれについて解説する。その上で、日本の今後の国土・都市計画に必要なビジョンと戦略を第４章以降でまとめる。

3-1　コンパクト・アーバン・グリーン（ミュンヘン）注1

二〇〇三年に欧州憲法草案が採択されたが、そもそも欧州憲法とは、欧州連合（EU）および欧州共同体（EC）、欧州経済共同体（EEC）、欧州石炭鉄鋼共同体（ECSC）の下で締結、批准された条約、議定書、付属文書をまとめたものである。この憲法草案では、欧州市民という新しい概念に基づき、ヨーロッパを人類全体の希望の地にする、というビジョンが示されている注2。ヨーロッパではこうした従来の国境意識の低下に連動する形で、国単位に代わって都市圏単位の再生プロジェクトが進行している。

本節ではその一端を説明するため、EUの一員であるドイツ連邦共和国（Federal Republic of Germany：以下ドイツ）を例として取り上げる。最初に、ドイツが都市圏の時代に到達するまでの歴史的経緯を考察する。次に、ミュンヘン都市圏を事例にしたサステイナブルな土地利用と交通システムの現状を紹介する。

【1】ドイツの地方自治と都市計画

ドイツの行政単位

ドイツは面積三五万七〇〇〇平方キロメートル、人口八二五〇万人で、一六州（三つの都市州を含む）より構成される。このうち面積最大のバイエルン州は面積七万〇五〇〇平方キロメートル、人口一二五〇万人、ミュンヘンはその州都であり人口は一三〇万人（都市圏人口二三〇万人）、人口密度は一平方キロメートル当り四二〇〇人である。

ドイツの行政組織は、連邦政府(Bund)、州(Land)、郡(Kreis)、市町村(Geminde)が基本単位である。これに上述するハンブルグ、ブレーメン、ベルリンの三つの都市州(Stadtland)および一一六の独立市(Kreisfreie Stadt)が加わる。自治単位である郡(Kreis)の数は三二三、最小単位である市町村(Geminde)の数は一万二三一一あり、その平均人口は五七三〇人である。

ドイツの都市計画における法的枠組み

ドイツの憲法に相当するのは、ドイツ連邦国家基本法である。基本法では、あらゆる行政は最小の行政単位が実施することを規定している。そのため、連邦はその下の単位である州ではできないことがら、すなわち、外交と国防を執り行う。これら二つ以外に、州をまたがる事業を伴う連邦財政、連邦水路、船舶航行、国防、航空交通、連邦鉄道、郵便・電気通信の行政を担当する。一方、州は、教育、文化、自治、警察に関する立法権を有し、教育法、建築基準法、行政法、環境保護法の行政を担う。空間構成(Raumordung)に関しては、連邦は、EUの空間利用原則と整合性を考慮しつつ法により国家の目標と原則を定める。一方、州は州計画(Landesplanung)と地域計画(Regionalplanung)を担当し、市町村は地域計画に基づく二層系のFプラン(Flachennutzungsplan)とBプラン(Bebauungsplan)を担当する。

Fプランの図面の縮尺は五〇〇〇分の一～一万五〇〇〇分の一であり、ほぼ市町村(Geminde)全体が収まる程度となっている。またBプランの図面の縮尺は一〇〇〇分の一であり、対象とする地区または街区が収まる程度となっている。Fプランは州に承認されて初めてその効力を有する。

Bプランは、Fプランの考え方に合致すれば、詳細は市町村の裁量に任される。これらの計画やプランは相互に「対流原理」というドイツ独特の概念によって関連付けられ、上位計画から下位計画に向けた一方通行ではなく、上下の計画が互いに連動して変更できる構造になっているのが特徴的である。また、それぞれの段階の整合性が計られ、かつ各行政レベルの裁量権が明確に規定されている。

ドイツ都市計画の変遷と特徴

ドイツ各都市の起源はローマ時代にまでさかのぼる。中世の神聖ローマ帝国時代に生まれた緩やかな統治の下、各都市特有の文化が育まれた自立性の高さに特徴がある。一方、神聖ローマ帝国が統治しなかった都市は、現在の民主主義とは異なるものの、市当局とギルド(商工業者の組織)間でバランスが保たれていた。このようにドイツの各都市は、中央集権的色彩の強いフランスとは対照的に、独自の文化と自治の精神を持っているのが特徴である。

一九世紀ナポレオン時代に自由都市として残ったニュールンベルグとアウグスブルグはバイエルンに、フランクフルトとリューベックはプロシアに併合された。ハンブルグ、ブレーメン、ベルリンは第二次世界大戦後まで自由都市として残った。一九世紀中ごろは、フランスではオスマンによるパリの大改造が行われていたが、プロシアの首都ベルリンでは四〇〇万人を受け入れる道路計画と高密度な市街地対策として建築基準が制定された。同時期に、ドイツ建築家・技術者協会によって都市計画に関する書物『Stadterweiterungen in Technischer, Baupolizeilicher und Wirtschaftlicher Beziehung』が出版された。これら一連の動きから、都市計画とは健康で快適な居住と産業の育成を目的とし、社会共通資本および社会関係資本に関する要素を束ねる技術である、との認識がこの時代に生まれたことがわかる。

第二次世界大戦後の西ドイツでは、一九六〇年に連邦建設法(Bundes baugesetz)が制定され、それまで地方自治体が個別に対応していた建築基準を統一した。同時期、都市計画は、それまでの人口増加と経済成長を前提とした低密度な市街地の拡張を目指すコンセプトから、密度を保ちつつ居住者の交流を目指すコンパクトな都市へと方針を転換した。この変化は、その後のドイツの都市計画が空間の調和の追求へと向かうきっかけとなっている。この一連の方向転換は、一九七〇年代の石油ショックとローマクラブによる「成長の限界」に影響を受ける状況に連なっている。

一九八〇年代は世界的には英国のサッチャーと米国のレーガンによる規制緩和の時代であり、これに対応してドイツの都市計画は都市経営にその重点が移った。産業構造の変化により中心市街地の工場が閉鎖され、ブラウンフィールドと呼ばれる空地が多く生まれた。都市計画の中心は必要に迫られて「エコロジカル」をキーワードとする都心再生へと移行した。現在では、大都市、中心市街地、特に阻害された地区への関心が高い。エコロジカル(例えば少ない交通量)またはソーシャル(例えば低失業率)などの内政的原因が地域経済にどのように影響を与えるか、および所得、国籍、世代が分離する結果、どのような状況が生じるのか、これらに対して都市計画がどのような貢献ができるかに関心が高まっている。

ドイツ都市計画においてしばしば用いられるUrbanitat という言葉は、英語のUrbanとは異なり、空間の質を意味する。Urbanitatの本来の意味は個人の資質(丁寧さ、礼儀正しさ、国際性)である。都市計画分野におけるUrbanitatの要素は、高密な人口、用途の混在、様々な世代、人種、収入の共存、および人々の生活が公共空間で見られる街区、などである。Urbanitatは、上述したように一九五〇年代に公共空間が少なく低密度な人口、単調かつ退屈な郊外の街を生み出した反動から生まれている。この概念は住民からの声というよりも、Jane Jacobsらによる、歴史的な市街地の高い集積度が場所性(=Sense of Place)を持つ、という新しい都市計画の原則に基づいている。

現在では、この都市計画原則は二次的な現象であると認識されている。すなわち重要なのは、産業立地による所得増加や近隣地区に刺激や利便性を望む一方で、自らは別の静かなところに居住するという矛盾した要求に対応するためのパワーとツールの存在が、Urbanitatを生み出す源泉であると考えられている。

【2】ミュンヘンの都市計画・都市政策

都市圏戦略の構成

ミュンヘン市では、経済、社会、空間、地域の持続的な発展を環境保護と資源消費を最小化しつつ達成するため、①「コンパクト」(外形)、②「アーバン」(多様性の融合)、および、③「グリーン」(緑と地球環境)、という都市圏形成のための戦略を標榜している。この戦略の実現のため、図2-1に示す周辺市町村との一体的な地域計画(Landesplanung and Regionalplanung)を作成し、ミュンヘン市のFプラン(Flachennutzungsplan)に反映させている。

ミュンヘン市ではコンパクトな市街地を実現する政策として、新規開発は鉄道駅から一定距離(徒歩圏内)内にのみ建設するというルールを設け、徐々にコンパクトな市街地を実現する方針を実行している。このため、ミュンヘン中央駅の西側の鉄道沿線に大規模な開発が集中している。さらに、開発利益の三分の一を開発者(地主)、三分の一を鉄道事業者、残りの三分の一を行政が受け取るコントラクト(契約)を結ぶことを利害関係者間で合意することで、開発利益の還元による十分なインフラ整備を制度化している。

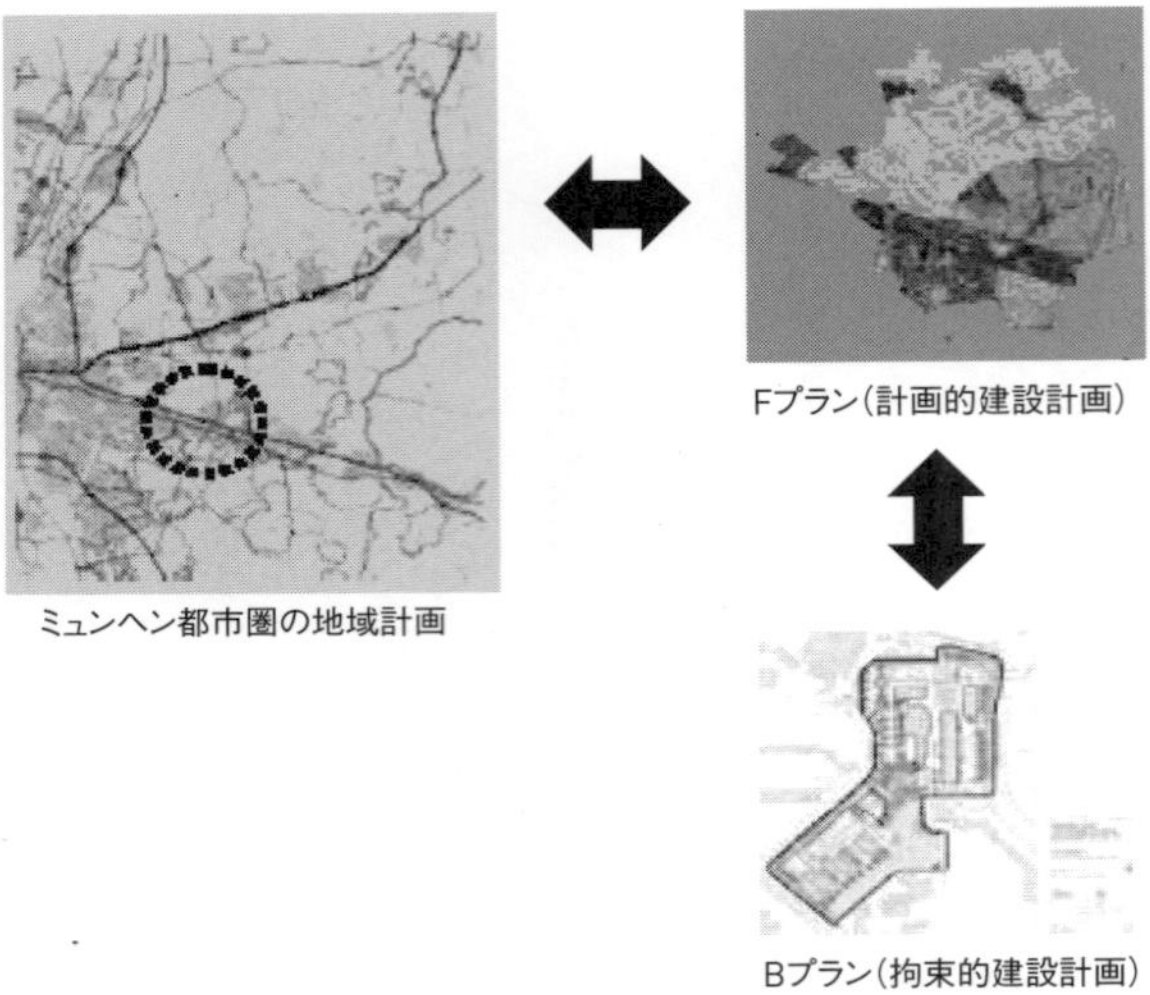

図3-1　ミュンヘン都市圏の地域計画(左)、Geminde HaarのFプラン(右上)

写真3-1　ミュンヘン中央駅西側、地下鉄Moosach Station周辺の開発

さらに、アーバン(Urbanitat)の実現を目指し、新規開発においては一定以上の床面積を住宅とすることを義務付け、コンパクトな都市の実現と同時に多様な人々が暮らす都市を目指している。それらの住宅では幅広い家賃設定が義務付けられ、単に用途だけでなく社会的に異なる人々がミックスされる方策が採用されている。これらの方策により、優れた地域文化を伝承する都市の「場所性(Sense of Place)」の確保を実践している。

また、グリーンを実現する政策としては、地域計画によってグリーンネットワークが示され、鉄道に沿ったフィンガー形(図3－1参照)の市街地が実現され、これに合致した緑地の整備が各開発に義務付けられている。さらにコンパクト・アーバン・グリーン戦略のパイロットプロジェクトとして、都心に、高人口密度、用途と社会階層の混在、エコロジカルな環境、の三点を実現する都市開発の実験を行っている(写真3－1)。

都市圏の現状

ミュンヘン市は常にドイツ人の住みたい都市の上位に選ばれるように、自然と経済に恵まれた地域である。ジーメンス、アウディ、BMWなどの世界企業やハイテク産業の本社が立地している。また、ヨーロッパの各都市に共通する旧市街、新市街および再開発都心、郊外市街地、郊外ニュータウンが、コンパクト・アーバン・グリーンのコンセプトに従って計画・配置されている。旧市街は写真3－2に見られるような市役所と広場および教会を中心とした構造であり、徒歩、自転車、LRT、地下鉄、バスの結節点にもなっている。

郊外の市街地としては、写真3－3に示すような鉄道駅を中心とした商業・業務・住宅・農業

写真3-2　歴史と文化の中心マリエン広場

写真3-3　自立型郊外都市Geminde Haarの市庁舎付近

などが一通りそろった人口数万人の自立型自治体(Gemin de)と、駅周辺にはバスターミナル、パークアンドライド駐車場など交通結節点機能しかないベッドタウン型自治体(Gemin de)の二種類が見られる。

前者の自立型自治体は、図3-1(右図)のFプランおよび写真3-3に示すように、駅周辺に商業・業務・住宅が混在し、駅の反対側には産業地域とパークアンドライド駐車場が立地するものの、市街地の外側は明確に区分された住宅地と農業用地、および林地から構成されている。後者のベッドタウン型は、ミュンヘンからごく近郊の急行停車駅であるが、駅周辺は農地ばかりで都市施設は見当たらない。これはフィンガー状市街地と鉄道駅の位置が異なっても、鉄道駅がミュンヘン都心に近く生活上の不便を感じないためであると考えられる。

さらに郊外では、約三五〇ヘクタールの旧ミュンヘン空港(現在二分の一がメッセ会場)を住宅地に転用した大規模な郊外ニュータウンが建設中である。また、ミュンヘン中心においても通勤者を対象に国内外からの人口流入対策として新都市が建設されている。これらの都心再生および郊外都市に共通するのは、都心ではメッセ会場、操車場、NATO軍基地などの跡地を利用し、郊外では既存の市街地内の開発にとどめることにより、交通結節点に開発を集中し、グリーンエリア（林地や農地）を蚕食する開発を認めていない点である。

3―2　立地効率性を高める土地利用・交通の統合策（米国各都市）

【1】TODの様々な側面

土地利用と交通との統合デザインとしてCalthorpe*3らによって具体的な空間ビジョンを与えられた公共交通指向型開発（Transit-oriented Development: TOD）は、一九九〇年代後半から全米で大きなムーブメントを巻き起こした。二〇〇〇年以降その動きはさらに活発化し、二〇〇二年ワシントンで開催された第八回 Rail~Volution 会議では"Building livable communities with transit（公共交通の備わった暮らしやすいコミュニティづくりを）"をスローガンに、TODの様々な側面が議論され、増加しつつあるTODプロジェクトに関する報告が行われた。

TODは単に公共交通を軸としたコンパクトなまちづくりを意味するものではない。駅を中心とした徒歩圏のまちづくり、居住密度の高さ、用途の多様性などのよく知られたTODの空間像*4の背後には、QoLの確保や社会的な公平さの確保を目的とした様々な取り組みが見られる。これらは、従来のアクセシビリティの概念にも大きな変革をもたらす動きといえる。例えば、Belzer and Autler*5の提案するTODプロジェクトの六つのパフォーマンス基準、①Location efficiency（立地効率性）、②Value recapture（価値の再捕捉）、③Livability（QoL）、④Financial return（財政・財務的なリターン）、⑤Choice（選択の幅）、⑥Efficient regional land use and patterns（効率的な土地利用パターン）には、単なるアクセスあるいはアクセシビリティという言葉は見られず、それに代わる新たな概念 location efficiency が用いられている。

本節では、新たなアクセシビリティ概念としての立地効率性（location efficiency）をＴＯＤの中枢概念と位置づけ、その政策的含意を明らかにする。

【2】ＴＯＤ促進のためのインセンティブ制度

既存制度とのミスマッチ

駅周辺の市街地を再整備するインフィル型の開発（街区景観を保存し、内部機能を更新する開発）を重視するＴＯＤプロジェクトの実施に際しては、郊外開発に比しての費用の高さがしばしば阻害要因とされている。これは、既存制度においては、郊外の住民にサービスを提供するためのインフラの追加的費用が無視され、社会的費用のフルコスト負担が実施されていないことに起因している。このことによって郊外開発の費用は過小評価され、ＴＯＤの費用が割高なものと認識されている。また、既存の画一的なゾーニング規制が阻害要因となっているケースも見られる。ゾーニングにおいては密度規制や高さ規制に加え、駐車場の附置義務が課されるが、これらはしばしばインフィル型の開発を抑制する方向に作用する。特に、駐車場の附置義務が一律に適用されるならば、地価の高い公共交通周辺での開発メリットは失われかねない。

さらに、近年整備された公共交通センターやパークアンドライド駐車場は、郊外の高速道路の付近に配置されているケースが多い。その周辺にインフィル型のTODを進めようとしても、都心部のような生活機会や利便性が整っているわけではなく、人々を引き付けるためのインセンティブづくりが大きな課題とされる。加えるならば、都心部においてすら公共交通がそれ単独で不動産投資を引き付けることは難しい。TODの市場性を高めるためには、公共交通と周辺地域との機能的な統合やファイナンス手法が望まれる。

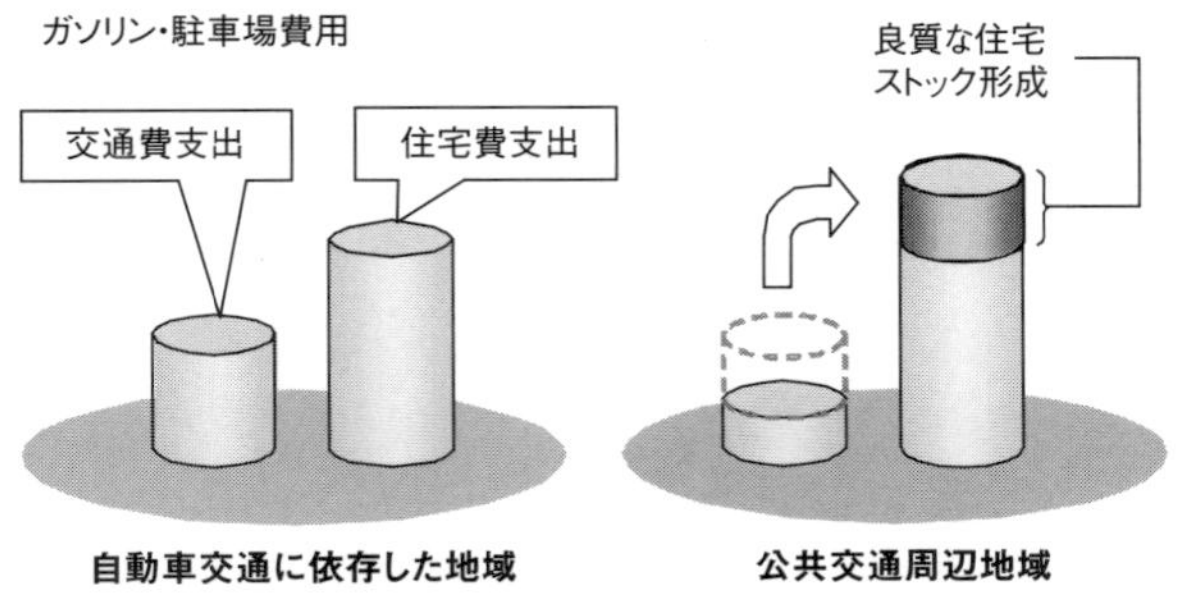

図3-2　LEM制度による価値の再捕捉

公共交通周辺地域の価値の再捕捉

市場性の確保のために、交通結節点を市場の結節点と位置づけ、相乗作用を創出しようとの動きが見られる。その一つがLocation Efficient Mortgage（LEM）制度であり、今日では交通と住宅との連携市場を生み出しつつある。LEM制度とは、公共交通駅から徒歩圏内の住宅需要者に対して、私的および社会的な交通費用の節減を根拠として、住宅取得を支援するための政策ツールである（図3-2参照）。公共交通周辺地域で中高層住宅購入へのインセンティブを与え、インフィル型の街区整備を促そうとする制度であることから、LEMはインフィル・モゲージとも呼ばれている。LEM制度においては、公共交通の利用を高めるために、割引定期券の利用などの特典も与えられている。

公共交通を利用する世帯は自動車依存型の郊外居住世帯に比べて交通への支出を軽減できる。この因果関係は近年のHoltzclawら*6の分析結果によって実証されており、ＴＯＤの最も直接的なメリットと認識されている。ただし、そうした費用の節約のみでは、人々を公共交通周辺地域に引き付けることは難しい。そこで、ＬＥＭ制度においては、公共交通周辺地域への立地による、以下のような隠れた地域資産(hidden assets)の掘り起こしという視点を強調している*7。

- 社会資本の既存ストック
- 資源の有効利用を可能とする人口密度
- 新たな発想を刺激する文化の多様性
- 自動車への依存を軽減する代替交通
- 大学、コミュニティ機関、ビジネスなどの地域問題の解決を促す革新的環境

ＬＥＭ制度の目的は、①交通費用の節約に基づく良質な住宅取得機会の向上、および、②地域資産の活用によるＱｏＬの向上などのトランジットエリア(駅勢圏地区)の空間的価値、を積極的に評価し、捕捉することにある。こうした考え方はValue Recaptureとも呼ばれる。なお、公共交通周辺地域とは、鉄道やＬＲＴの駅から二分の一マイル以内およびバスの停留所から四分の一マイル以内の区域と定義される。

ＬＥＭのシステム開発は、シカゴのCenter for Neighborhood Technology(ＣＮＴ)、サンフランシスコのNatural Resources Defense Council(ＮＲＤＣ)、ワシントンＤＣのSurface Transportation Policy Project（ＳＴＰＰ)という三つのＮＧＯが組織したコンソーシアムによって一九九五年に着手された。このコンソーシアムはＤＯＴ、ＤＯＥ、ＥＰＡおよび民間の基金によっ

て支えられたものである。その後、本格的なLEM制度は一九九九年末にシアトルとサンフランシスコで導入され、二〇〇〇年にはシカゴ、ロサンゼルスで相次いで導入されている。

投資リターンの確保

LEM制度において、公共交通周辺地域の空間的価値はlocation efficient value（LEV）と定義され、その算定においては人口密度、自動車保有率、公共交通へのアクセス、歩行者環境などの地区特性および個々の世帯属性（所得、世帯人数、年間の自動車走行距離）が考慮される。このLEVはLEM申請者の所得の一部と見なされる。申請者の借入額の上限は負債／所得比（debt to income ratio）に基づき設定されることから、LEVが大きいほど多額の借入金を有利な条件で確保することが可能となる。すなわち、世帯には交通費節約分以上のリターンがもたらされ、より良質な住宅取得の機会を得ることができる。

こうしたリターンを生み出す仕組みは、モゲージの証券化市場にある。そこでは政府支援法人GSEの一つであるFannie Mae（連邦抵当金庫）が中心的役割を果たし、プール化した住宅ローン債権を証券（モゲージ証券）に転換し、投資家のニーズに応えるために証券の信用力や格付けを高める等の役割を担っている。投資家にとってのモゲージ証券への投資メリットの第一は、信用リスクと流動性リスクが限定されている点にある。モゲージ証券の多くは、エイジェンシーが投資家に対して元利金支払いの保証をする形で信用力・格付けが高められている。第二は、国債利回り＋αという比較的高い利回りを享受できる点にある。これはモゲージ証券が国債と異なり、期限前償還リスクを内包していることによる*8。

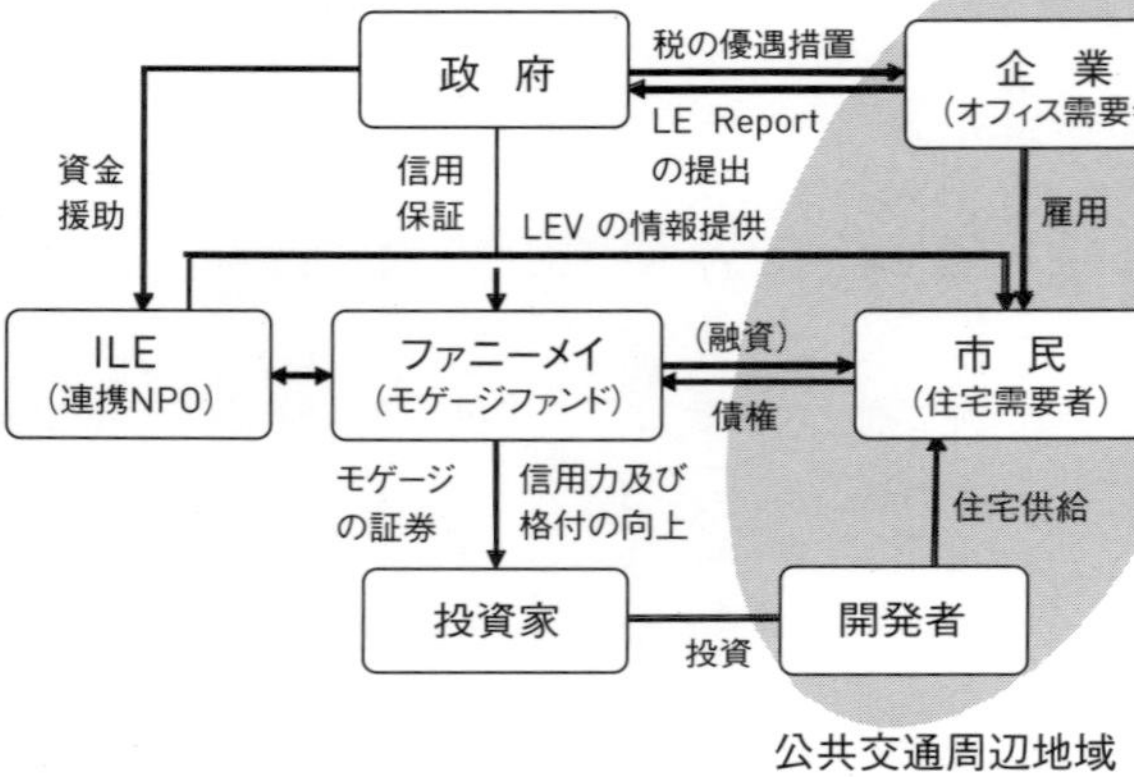

図3-3　Location Efficiencyをめぐる主体の連関

ＬＥＭは、信用リスクの評価に都市生活者のライフスタイルを反映させた独創的な制度といえる。すなわち、生活者の居住場所やライフスタイルによって家計の支出構成は異なり、交通への支出額も異なる。ＬＥＭの革新性は、公共交通周辺地域の世帯の交通支出節約額をモゲージ返済能力の向上（＝信用力の向上）と見なし、貸出上限の引上げを可能とした点にある。その便益は住宅購入者だけでなく住宅ローン担保証券への投資者にも及ぶ。また、公共交通周辺地域において、駐車場比率の低いインフィル型の住宅開発が進めば、交通渋滞の緩和、大気質の改善、都市景観の改善などの広域的な便益が生じることが期待される。

公共交通周辺地域の優先制度

イリノイ州においては、シカゴでのＬＥＭ実験の成果を基に、新たな制度づくりに着手した。そのターゲットは世帯ではなく企業である。二〇〇五年には公共交通周辺地域に企業を引き付けるための仕組みとして、Business Location Efficiency Incentive Act（業務立地効率化法）*9を制定している（二〇〇六年一月施行）。この制度の下では、企業にはその立地場所の近傍でアフォーダブル住宅（廉価な住宅）の確保やアクセス可能な公共交通の利用に関する Location Efficiency Report

(立地効率性報告書)の提供が求められ、これを提供した企業には州の経済開発援助が与えられる。この援助とは州税の猶予・減免である。裏返せば、この法律は、インフラが未整備であり立地が望ましくない地域に進出しようとする企業に対して、自治体に代わる住宅・交通サービスが提供できない場合には、経済活動機会へのイコールアクセスを奪うことを意味する。こうした政策は、企業が本来負担すべき社会的費用を内部化させ、その上で公共交通周辺地域を有望な選択肢として認識させるための措置である。

同様な制度化は、他のLEM実験地であるシアトルを擁するワシントン州においても試みられている。二〇〇一年には、公共交通周辺地域を税の優遇地域に指定するTax Incentive Zone for Transit(公共交通のための税優遇地域)法案が提出され制度化に至っている*10。図3-3は、以上のインセンティブ制度の概要を、主体間の連関図として整理したものである。

【3】新たなアクセシビリティ概念

立地効率性の概念と戦略的意義

Location efficiency(以下、LE)は、TODやスマート・グロース政策の中で近年しばしば用いられる言葉である。例えば、米国のハイウェイ/公共交通プログラムをめぐる近年のASCE声明*11には、"There are substantial benefits to the taxpayer in exchange for public investment in transit infrastructure.(公共交通インフラへの投資は納税者に大きな便益をもたらす)"等の、公共交通への投資の社会的便益を象徴的に表す記述が見られる。

ただし、この言葉の明確な定義を示したものは少ない。その一つとして、LEMの推進コンソーシアムは、"a measure of the transportation dollars people can expect to save by living in location efficient neighborhoods（人々が立地効率性の高い地域に住むことによって節約が期待される交通支出分）"との定義を与えている*[12]。しかし、これは家計支出への直接的効果にのみ焦点を当てた狭義の定義といえる。機能面からは、LEは結節点機能（node function）と場所機能（place function）との結合効果と説明される*[3]。結節点機能とは自動車への依存度を軽減するための快適かつ効率的な交通リンクの組合せを指し、場所機能とは自宅の近傍において日常的な用務を果たしうる能力を高めるものである。両者を結ぶ概念形成はKrizekら*[13]の"neighborhood accessibility"という考え方とも共通するが、LEには住・職・憩の相互の遠隔化に起因して必要に迫られた今日の自動車依存を、選択肢の一つに変えるという政策意図が込められている。これに加えて、LEはその評価要素として、前節（2）項の「公共交通周辺地域の価値の再捕捉」に記したアウトカム的な視点を有する。

①世帯……住宅の取得と交通に関わる選択肢の増加、家計支出の削減
②開発者……インフィル型開発の機会、駐車場整備費用の節約などによるデザインの柔軟性
③投資家……世帯の支出可能額の向上に着目した市場とファイナンシャルオプションの創造
④地域社会……自動車保有・利用の抑制による渋滞の緩和、交通事故の減少、道路や駐車場の建設費用の削減、既存インフラの有効活用による新規投資の最小化

以上のアウトカムは各主体に独立にもたらされるものではなく、交通、住宅、投資市場を通じて相乗的な効果をもたらすものと解釈される。本研究ではLEの戦略的意義を、こうした市場連

携・ネットワーキングがもたらすサービス機会、住宅取得機会、投資機会への相乗的なアクセシビリティ改善効果と捉える。以下では、居住世帯の住宅、サービスへのアクセス機会を定量化する指標について検討を行う。

ＱｏＬ概念との関連性

Belzer and Autler*5は、ＱｏＬの計測は困難としながらも、ＴＯＤ実施による次のＱｏＬ改善効果を挙げている。

・ガソリン消費の節減による大気質の改善
・モビリティ・チョイスの増加と歩行者環境の改善
・交通渋滞の緩和と通勤負担の軽減
・商業、サービス、余暇、文化機会へのアクセスの改善
・公園やプラザ等の公共空間へのアクセスの改善
・市民の健康の増進と安全性の向上
・所得や雇用などの経済環境の向上

Graglia ら*14によれば、ＱｏＬは単なる市民の満足度と資源の利用可能性を意味するだけでなく、機会へのアクセスと選択能力をも含む概念である。また、近年の研究ではＱｏＬと個人の選択幅との対応付けがなされており、そこでは交通手段や住宅取得といった個別の側面ではなく、経済活動機会や生活文化機会の利用に関わる多元的な選択自由度の重要性が示されている*15。いわば、「多元的な選択の自由度」こそがＱｏＬの中核概念であり、個別側面的なアクセシビリティ

を束ね、多元的な選択自由度へと転換するものがLE概念と解釈される(図3−4参照)。

なお、QoLは個を重視する考え方であり、その評価に際して個人間の選択自由度の差を捨象すべきではない。高齢者、児童、障がい者などの社会的な弱者は、選択自由度が制約されるばかりか、しばしば自宅外の活動への参加が制約される。これはモビリティの不足による社会的排除(mobility-related social exclusions)*16と呼ばれる。こうした排除を緩和するために、フィジカルなアクセシビリティの改善のみならず、地域社会の中にネットワークとしてのソーシャル・キャピタルを構築しようとの動きが見られる。そこでは、地域社会に眠る資産(hidden assets)や強みの活用を基本とする資産ベースの議論が柱となっている。

図3−4は、QoLを上位概念としたLEの位置付けを示している。人々の居住と各種機会へのアクセスを供給する公共交通は、その周辺地域の資産の活用を通じて波及効果を生じ、市民生活における多元的な選択自由度を向上させうる。こうした選択自由度に、市民生活の必須要素としての安全安心性、環境持続性の視点を加えたものがQoLであり、図中の破線はそうした視野の広がりを表している。なお、林・土井・杉山*17によるQoLの定義に基づけば、ある居住地において達成可能なQoL水準は、①自由活動時間の重み、②時間と所得との結合制約、③LEという三つの要因から説明される。このときのLEは、具体的には核のサービス機会へのアクセシビリティと住宅のアフォーダビリティ(入手可能性)との統合指標として表される。

図3−5はこの両者の関係を図示したものである。「居住オプション」は、居住場所と住宅のオプションを指し、「ライフスタイル」は個々人の時間設計、すなわち労働、自由活動および交通等への時間の割り振りを指す。居住オプションが選択されれば、サービス機会の選択肢はアクセス

費用に基づき絞り込まれることになる。アクセス費用が大きいほど選択肢の数は少なくなる。

一方、居住オプションの選択は個人のライフスタイルに影響を及ぼし、時間および予算制約の下で実施可能な自由活動は絞り込まれる。この結合制約は職住関係に依存する。すなわち、通勤に要する時間と費用が大きいほど結合制約は厳しくなり、活動の選択肢数は限定される。両者の絞込みの結果として、個人の活動機会の選択自由度は図のハッチング部で表される。

表3-1は公共交通周辺地域での居住世帯のメリットを要因別に整理したものである。公共交

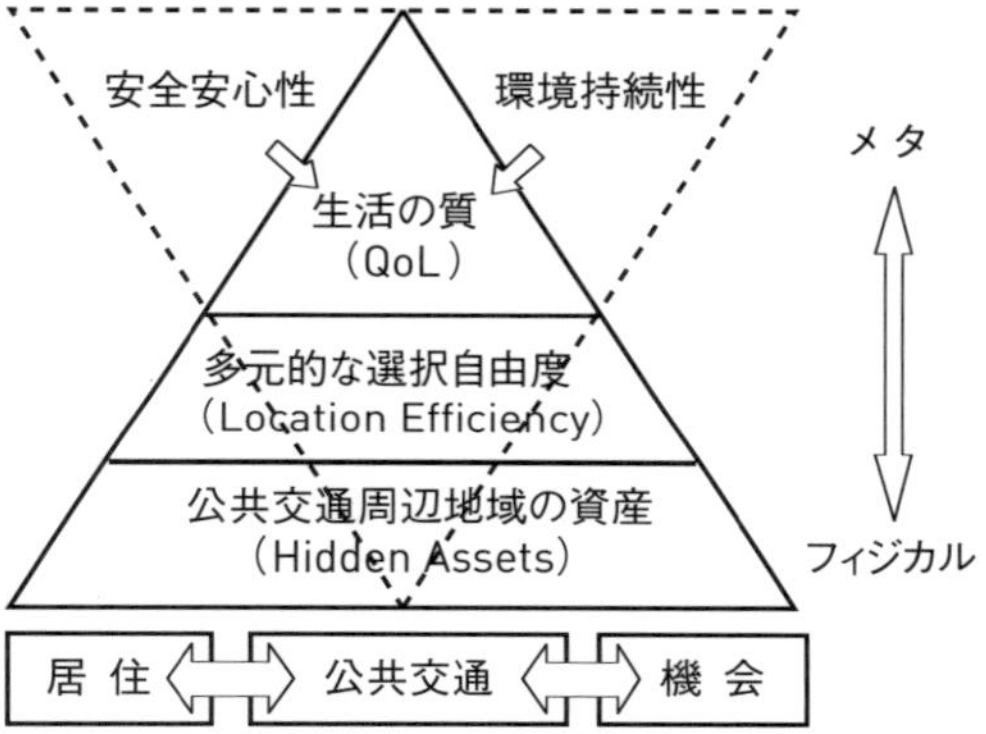

図3-4　QoLと立地効率性の概念

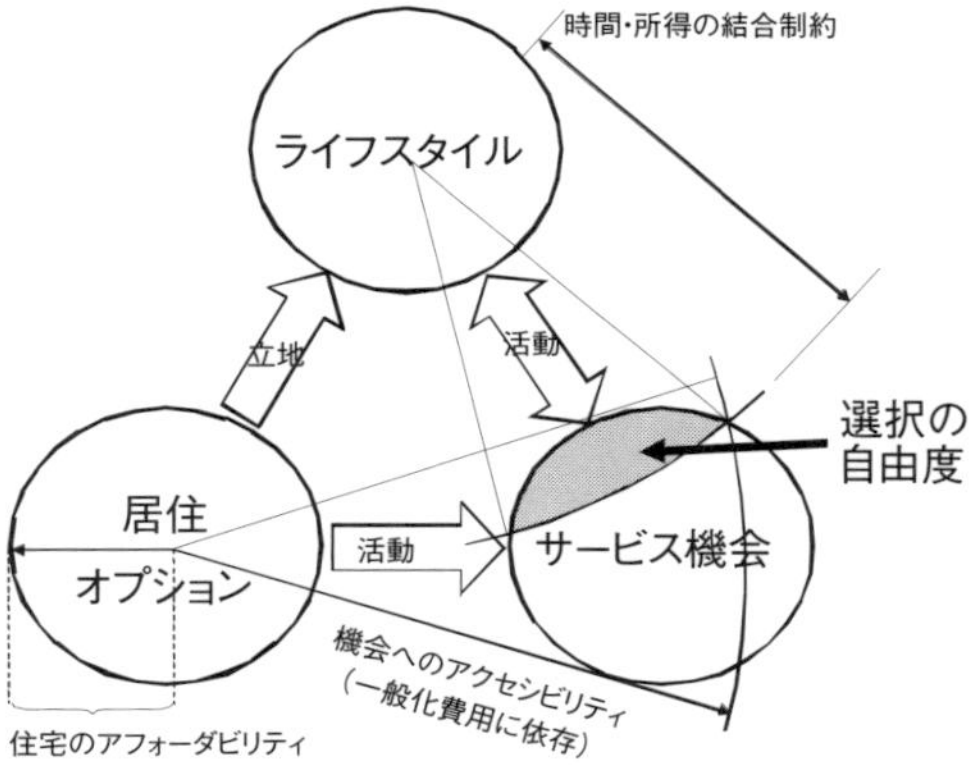

図3-5　3つの要素からみた選択自由度

	要因	世帯へのメリット
一般化費用	単位トリップ当りの交通時間と費用	割安な公共交通の利用による節減
	サービス機会へのトリップ頻度	機能集積地域での効率的な回遊
結合制約	利用可能な時間と所得	地域限定の割引モゲージ（LEM）の利用による所得増
	通勤に要する時間と費用	地域内での職住近接による節減

表3-1　公共交通周辺地域での居住世帯のメリット

通周辺地域においては、サービス消費に関わる一般化費用が節減されるとともに、時間・空間の結合制約の緩和がもたらされる。その結果、図3-5のハッチング部が拡大することが期待される。

以上の考察より、TODは①通勤時間や費用の節減によって時間・空間の結合制約を緩和するとともに、②LEM等のインセンティブ制度により住宅のアフォーダビリティを高め、かつ公共交通周辺地域への企業誘致によりサービス機能の選択自由度を高め、LEの向上に寄与していると解釈できる。

【4】TODと連動した街区整備の手法

伝統的なゾーニング制度の下ではTODやスマート・グロースの実現は困難であることはよく知られている。土地の用途を分離し、規範的に密度を設定するユークリッド・ゾーニングはスプロールや単調な近隣環境を生み出した元凶であるとの批判も多い。"It's time we develop new and more flexible zoning codes that can serve all citizens far more effectively than their 20th century predecessors.（二〇世紀の規制よりも有効に機能する、新しくて柔軟なゾーニングコードを生み出す時期にきている）" - Paul Farmer（アメリカ都市計画協会、二〇〇三）の言葉に象徴されるように、近年、伝統的な土地利用規制に代わる新たな柔軟なコントロール手法としてのFBC(Form-Based Codes)が注目されている。FBCの背後にある考え方は「用途よりもデザインの重視」であり、土地利用の用途や住宅密度よりも建物の大きさ、形態、配置、駐車場に焦点を当てる。

また、FBCは公共空間のネットワークのデザインと建築物のデザインとを結ぶ横断的なコードであり、徒歩圏の街づくりやミックスト・ユース（多様な用途と利用者属性）およびTODなどの計画目標を達成するための新たな実現手段と位置づけられている。TODの実施と連動してFBCが導入される際は、しばしばセンス・オブ・プレイス（場所性）あるいはプレイスメイキング（場所づくり）という言葉が強調される注3。

デザインと形態を重視するFBCは、従来から用いられてきたオーバーレイ・ゾーンの延長上に位置し、ミックスト・ユース的な近隣環境を生み出そうとするものでもある。このコードの下では、建物の高さ制限のような規制は存在するものの、全体として土地所有者、開発者、ビル所有者が、不動産市場に柔軟に対応できることを可能とするものである。コードで表現された建物の形がコミュニティのビジョンに適合している限り、単世帯住宅、アパート、オフィスや店舗を柔軟に組み合わせることが可能となる。

FBCの実施事例はフロリダのサウスマイアミやリヴィエラビーチなどに見られ、そこではFBCは既存のゾーニングに対するデザイン面での補完的役割を果たしている。これに対し、ワシントンDCの郊外に位置するアーリントン（バージニア州）の事例などではむしろ代替的役割を担っている。アーリントンでは歴史的なコロンビアパイク・コリドーの再生のためにFBCが導入され、その際、土地所有者はFBCか伝統的なゾーニング規制のどちらかを選択するオプションが与えられた。FBCがゾーニング規制を置換している事例は、ニューヨークのサラトガ・スプリングスに見られるが、これは極めて稀なケースである。なお、FBCはフォームベイスト・ゾーニング、コンテクスチュアル・ゾーニングあるいはニューアーバニスト・コード等の名称でも呼ばれている。

ＦＢＣは、伝統的なゾーニング規制とは以下の点において大きく異なる。

①ビジョンやデザインシャレット（ステークホルダーがコミュニティのためのフィジカルプランを生み出すプロセス）によって先導され、広範な市民参加プロセスが要求される。

②規制手段とは本質的に異なるデザインガイドラインであり、特に開発行為と公共空間および周辺不動産との関係が図示される。

③伝統的な近隣開発、ミックスト・ユース開発、公共交通指向型開発のように、多様な用途の融和や歩行者に優しいコミュニティの実現が目標とされる。

また、ＦＢＣの核となる要素は、規制計画、建築輪郭基準、建築基準、街路および街路景観基準、利用者のための自由度、そして迅速な許可プロセスである。これらの要素に基づき、ＦＢＣは時には規範的に、また時には文脈的に用いられる。前者のケースは理想像としてのビジョンに基づくものであり、後者は周辺環境の特徴に新規開発のフィジカル面を適合させるためのガイダンスを与えるものである。前者における規制は、コミュニティのビジョンに基づくものであり、それほど厳格なものではない。

3-3　街区を形成する伝統的都市空間と現代の住宅団地（パリ）

【1】集住性の高い都市パリ

都市は様々な特性を持つが、その最も基本となるのは、人が集まって住むということであろう。また、人は当然、現実の制約の下に住み良さを求める。かくして都市空間には集住性と居住性を高めようとする力がはたらく。

都市の集住性の高さは、他の都市と比べることによって、よりはっきりと捉えられる。ヨーロッパの大都市パリと日本の東京を比べてみよう。いずれの都市も、連続的な集住体としてみると、自治体としての都市の領域を越えて広がっている。現代の大都市に共通して見られる現象である。しかし、ここでは自治体としての都市に着目して、その人口密度によって集住性を捉えてみよう。

自治体としての東京は東京都（面積二一八二平方キロメートル）であり、二三の特別区（六一三平方キロメートル）がその中核を形成する。東京都と隣接する三つの県を合わせた領域は、自治体ではないが東京圏（一万三二八一平方キロメートル）と呼ばれることがある。人口規模（二〇〇五年時点）は、二三区がおよそ八四九万人、東京都が一二五八万人、東京圏が三四五四万人である。

他方、自治体としてのパリ市は東京二三区よりもはるかに小さい（一〇五平方キロメートル：東西の端のヴァンセーヌとブーローニュの森林を含む）。パリ市の領域は、二つの森林を除いて、二〇区（八七平方キロメートル）に分割されている。県に準ずるパリ市とその周辺の七つの県を含む領域には、レジオン（地域圏）と呼ばれる県と国の中間に位置づけられる自治体がある。かつてはパリ地域圏と呼ばれ、現在はイル・ド・フランス地域圏（一万二〇一二平方キロメートル）と呼ばれるその自治体の広がりは、東京圏のそれに近い。それぞれの自治体の人口規模（二〇〇五年）は、パリ市すなわちパリ二〇区がおよそ二一五万人、イル・ド・フランス地域圏が一一四〇万人である。

それらの数字で見る限り、自治体としての広がりにおいても人口規模においても、東京はパリを凌ぐ大規模な都市である。しかし、人口密度によって見ると、ある意味で、逆にパリが東京を凌ぐ高い集住性を示す。

都心からの距離を念頭において人口の分布状態をみてみよう。パリ市のヘクタール当りの人口密度は二〇五人（二〇〇五年）であり、二大森林を除いた二〇区の人口密度でみると二四七人に達する。パリ市の面積に近い東京の中心八区（一一〇平方キロメートル）の人口密度は一三一人であり、パリ市もしくはパリ二〇区の人口密度を大きく下回っている。東京の周辺一五区の人口密度は中心八区よりも多少高く一三七人であるが、それでもパリ市と比べると同じように低い水準にある。

都心からの距離と広がりにおいて東京の周辺一五区に近いのはパリ市に隣接する三県（六五八平方キロメートル）であるが、その人口密度はヘクタール当り平均六四人と逆に東京の一五区の半分程度である。また、パリ市に隣接する三県の人口密度は、パリ市と比べてもその三分の一以下にまで下がる。パリ市の外側に出ると人口密度が急激に低下する様子が見てとれる。

都心部の人口密度がその周辺よりも低くなるいわゆるドーナツ化現象は、両方の都市で共通に見られる。パリ二〇区においても中心一一区の平均人口密度ヘクタール当り二二二人は周辺九区の二五八人を下回っており、中でも都心の第八区は一〇一人と低い。東京も都心の千代田区のヘクタール当り三六人は際立って低い。確かに、そうした人口密度の分布構造には共通性があるが、人口密度の値はパリ市が東京二三区に比べ、中心部も周辺部も非常に高い水準にある。

【2】街路と中庭が創り出す伝統的都市空間

集住性が比較的高く、その意味でコンパクトなパリの都市空間には、五階ないし六階建て前後の中層の建物が街路沿いに軒を接して立ち並ぶ光景が見られる（写真3−4）。この都市空間は、街路と敷地と建物からなる。網目状につながる街路によって区画される街区は多くの敷地に分割され、敷地ごとに建物が建っている（写真3−6）。それは多くの都市に共通する一般的な空間の構造であり、それゆえにそこには都市空間としての重要な意味が含まれているであろう。ここでは、敷地とその上の建物を含む家屋に着目して、パリの都市空間の成り立ちを考えてみよう。

都市空間は、長い歴史的な時間の中で、比較的狭い範囲での土地の分割・再編および建物の建設・建て替えなどを積み重ねて形成され、変容してゆく。都市空間の基盤をなす街路と敷地の形態およびその形成過程は多様であるが、それらは共通して相互に補完的な機能を担っている。街路はだれもが利用する公的な空間であり、都市の中での人の移動の場として敷地をつなぎ、さらに通風や採光など

写真3-4　パリの街路（撮影：鈴木隆）

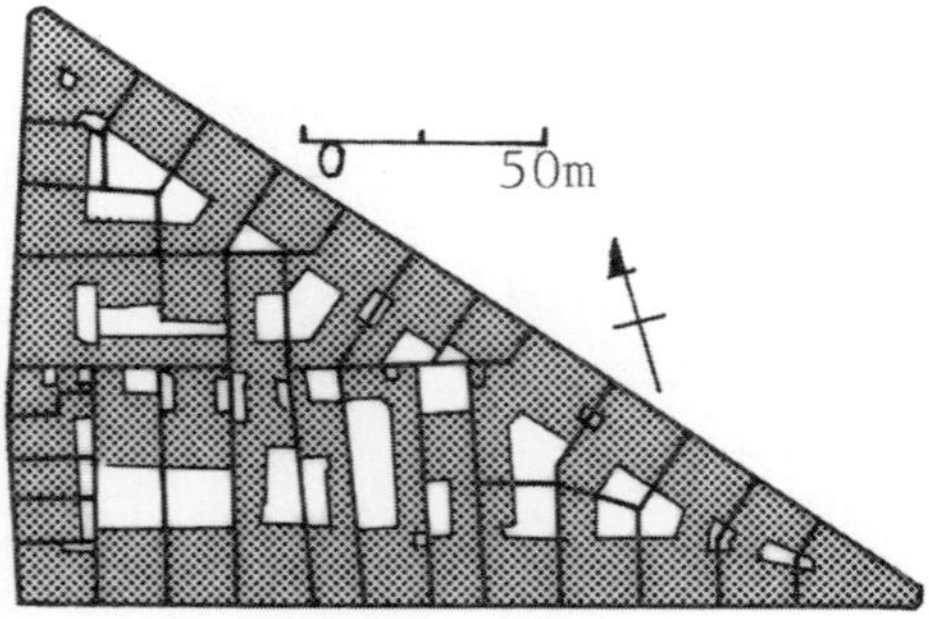

図3-6　中庭型家屋が集積する街区の平面形態[18]

の居住に必要な環境を確保することに寄与する。一方、敷地は土地の排他的な所有と利用の単位となる私的な空間であり、建築の限界を示す建築線によって街路と区分され、相互にも区画される。そして、家屋の建設は基本的に敷地ごとに行われる。街路と細分化された敷地からなる都市空間は、個人的な主体の行為の蓄積によって都市空間が創り出されるのに適した構造である。

パリでは、街路沿いの敷地前面に建物を置き、その奥に中庭を配した中庭型の住宅家屋が多く建設されてきた。中庭型の家屋は、他の多くの都市においても歴史的に定着してきた住宅建築の形式である。京都の伝統的な通り庭式の家屋のように、日本の町屋にも中庭型家屋の類型は見られる。

一般的な中庭型家屋の平面の形態は、中庭をめぐって建つ建物の数や配置によって類型化することができる(図3-6、図3-8)。この類型は敷地の規模や形と深く関わっている。最も単純な形態は、敷地前面の街路沿いの単一の建物とその奥の中庭からなり、小規模な敷地において最も多く見られる。次に、敷地の奥行きあるいは間口幅に余裕があれば、中庭をはさんで敷地の前と奥に二つの建物を平行に配置した二の字形の家屋、または敷地前面の街路沿いの建物とその背後から敷地側面の境界線に沿って伸びる建物が中庭をL字形に囲む家屋がつくられる。敷地の間口幅と奥行きにさらに余裕があれば、敷地の前面、奥および片側または両側の側面の建物が、中庭をコの字形またはロの字形に囲む家屋が現れる。また、奥行きが極めて大き

な帯状の敷地などでは、奥へ向かって複数の中庭や通路状の中庭がつくられ、建物が同じように
それらの中庭をめぐって展開してゆくこともある。

中庭型家屋は、敷地ごとに自由に建築が行われる状況において、いわば自然に生み出され定着した家屋の形態である。それゆえに、その家屋の形態には何らかの合理的な意味があるはずである。中庭型の家屋は、住宅に必要な通風および採光を確保すると同時に、集住性の高い都市の住宅に求められる敷地の有効な利用を実現するという基本的な条件を適えていると考えられる。それらの基本的な条件から中庭型家屋の形態が生み出される経過を、多少とも論理立てて考えてみよう。

中庭型家屋の形成に至る基本的な条件の一つは、人が住む居室が通常、外の明かりを取り入れ、空気を入れ替える必要があるということである。間接的あるいは人工的に通風や採光を行うことがあるとしても、基本的に居室は自然の通風と採光を必要とし、そのために外部の空間に対して開かれた開口を持つ必要がある。二つ目の条件として、生活を維持するために人が集まって住む都市では、土地を有効に利用しようとする力が常にはたらいている。パリのように、かつて防御などのために壁に囲まれていた都市ではその傾向はより強かったであろう。三つ目に、パリなどのフランスの都市では、慣習的に敷地の境界線に接して建物の壁面を置くことが許容されてきた。さらには、隣り合う敷地の境界線を跨いで、双方の敷地の所有者が互いに共有する壁を設け、それを双方の建物の支持壁として利用することも広く一般的に行われてきた。

そうした基本的な条件の下で、住宅家屋の建築がどのように行われるかを、建築空間の単位となる居室すなわち間に着目して考えてみる。まず、敷地の外の空間によって通風と採光を行い、

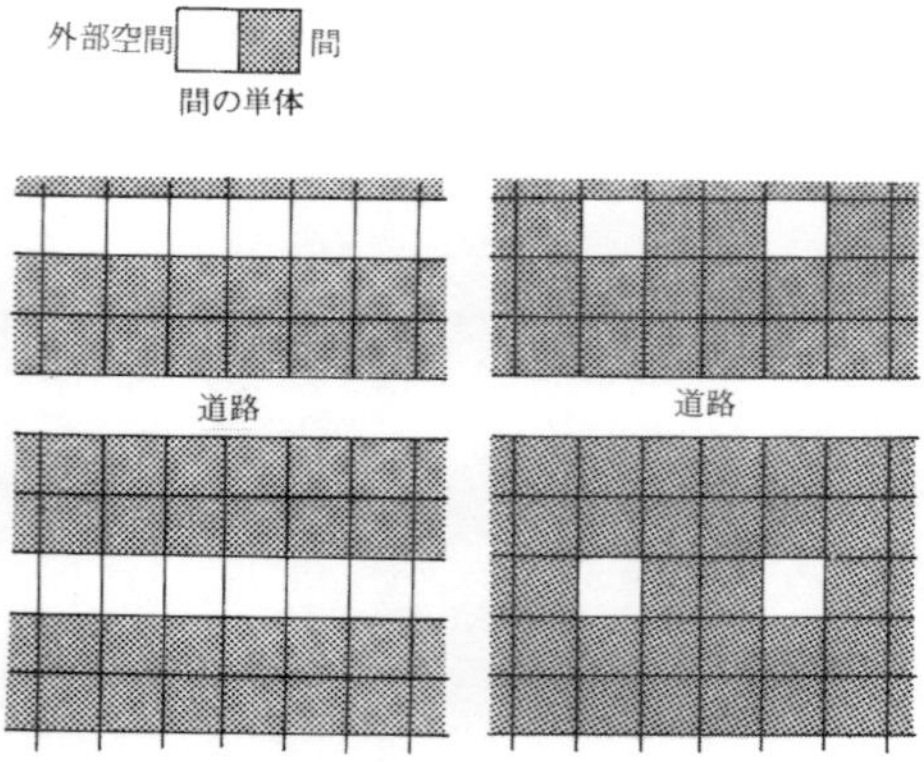

図3-7　間の結合による都市空間構成モデル*18

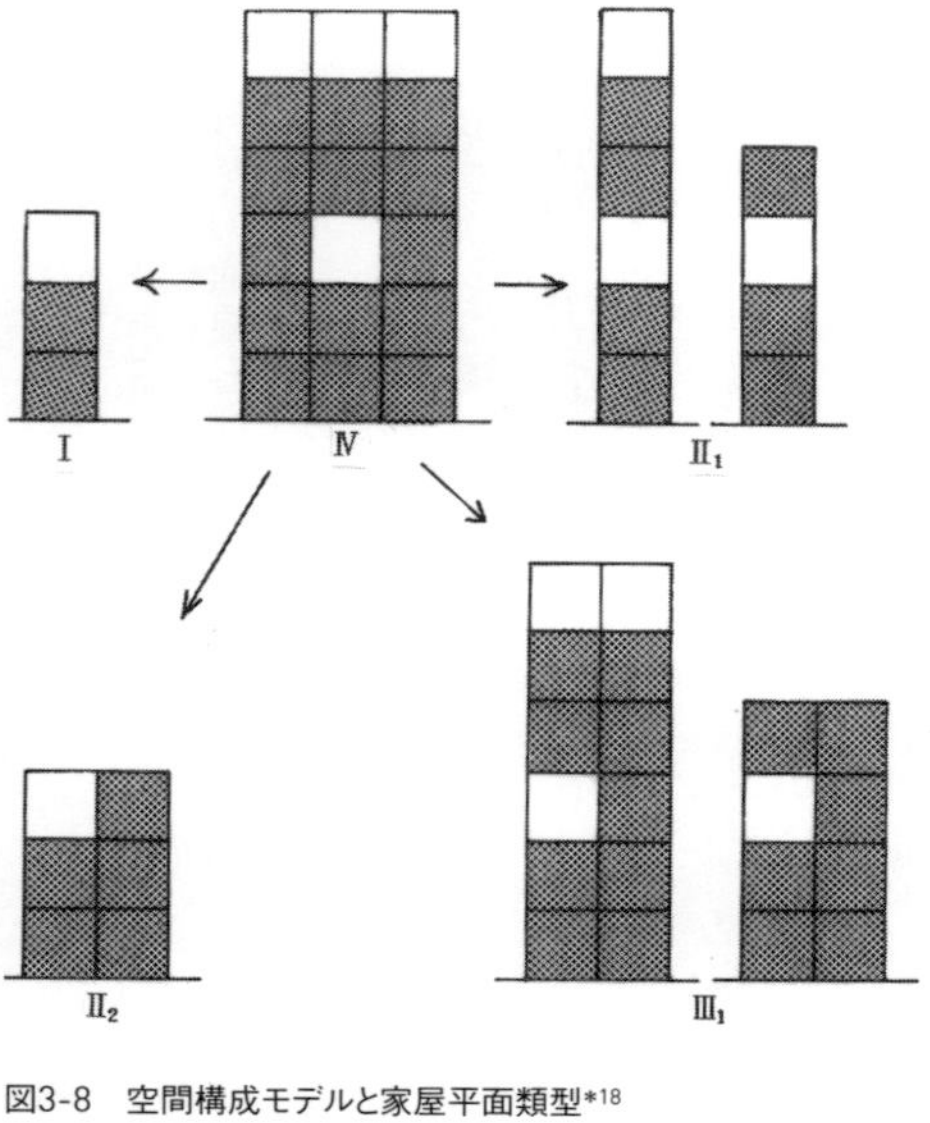

図3-8　空間構成モデルと家屋平面類型*18

敷地の有効な利用を図るために、街路に面して開口を持つ間の列が敷地の前面に現れる。それと背中合わせに二列目の間が現れ、この二列目の間は敷地の奥に設けられた中庭に向けて開口を開き、通風と採光を行う。中庭の奥には、同じ中庭に面して開口を持つ第三の間の列がつくられ、それと背中合わせになる第四の間の列はさらに奥の中庭または別の街路によって通風と採光を行う。そのようにして、開口面をそれぞれ反対側に向けて背中合わせになった二列の間と、街路または中庭の形態をとる外部空間とが交互に現れる。この理論的な建築の形成過程は、抽象化された建築または都市空間の構成モデルとして表される（図3-7左）。

このような都市空間構成モデルにおいて、外部空間の部分はそれが現実に街路となる場合は連続的につながっていなければならないが、中庭となる場合はそれを横断する間をさらに設ける余地がある。そうすることによって、中庭となる外部空間を四面から間が囲む、概念上はより土地利用効率の高い第二の都市空間構成モデルが生まれる(図3-7右)。ところが、この都市空間構成モデルには、中庭となる外部空間の四隅に開口上の死角となる間が生じるという理論上の問題がある。そこでこの問題を解決するために二つの方法がとられている。一つは、居室の寸法を変えて死角となる隅の間が部分的に中庭に接するように間取りを行うことである。もう一つの方法は、敷地内における人の移動の場となる通常の中庭と異なり、人が立ち入らない通風・採光だけのためのクレットと呼ばれる小さな中庭を必要な場所につくることによって、開口上の死角となる間がなくなるようにすることである。実際にそれらの解決法がとられるので、敷地利用における選択の可能性がより大きい第二の都市空間の構成モデルは成り立つのである。

抽象化された都市空間の構成モデルにおいては、建築の単位となる敷地の規模が考慮されていない。しかし、実際には敷地の規模は限られているので、敷地の間口幅や奥行きに応じて空間構成モデルの一部分に相当する平面を持つ家屋が現れることになる。前述の類型化された家屋の平面形態は、敷地の規模に応じて切り取られた空間構成モデルの一部分に対応している(図3-8)。空間構成モデルにおいては単位となる間が規模を捨象した形で表現されているが、実際の居室の規模は多様でありうるので、個別の敷地に対する空間構成モデルの適応性はさらに大きくなる。実際の家屋の平面構成は、間の規模を多様に変化させた空間構成モデルの一部分として捉えることができる。その平面構成を見ると、居室の規模を変化させると同時に、クレットと呼ばれる通風・採光用の小さな中庭を所々に配置して、中庭に対して開口上の死角となる居室が生じないようにする配慮がなされているのがわかる。

敷地の形態は多様であり、それに応じて家屋の平面形態も多様であるが、街路と敷地の境界線および隣地との境界線に建物の壁面が置かれる点は共通している。そのことが結果として、統一的な街路景観を生み出す大きな要因ともなっているのである。

【3】中庭型家屋における居住環境の保全

敷地の有効な利用と通風・採光による衛生的な居住環境の確保という、ある意味で相反する条件を求める力がはたらいて生み出される中庭型家屋の実際の形態は、求める条件の比重の置き方によって変わりうる。家屋の形態は個別の家屋の質を決定すると同時に、家屋が集積する都市空間の質をも決定することになる。それゆえに、家屋の形態は基本的には建築を行う個人の意思によって決定されるとしても、さらに都市空間の視点から、家屋を所有する個人の合意によって、あるいは都市空間の管理を付託された行政によって制限されることもある。

パリでは、居住環境の保全を目的とする家屋の高さに対する法的な規制が一八世紀後半に整備された。その後、何度かにわたって見直されながら今日にまで継承され、建築形態の規制の中で中心的な役割を果たしている。また、注目すべきは、中庭自体が規制の対象になっていなかった状況のもとでも、隣り合う家屋の所有者が、任意の契約に基づいて中庭の規模や位置を互いに調整して中庭を集合化させ、通風・採光の機能を高める例が見られたことである。さらに、法的な規制や契約による任意の規制が行われていない時代においても、建築を行おうとする個人に向けて適切な家屋の設計例を示し、その意思に働きかけて実際につくられる家屋の形態を良い方向に導こうとする動きがあったことを、建築家による啓蒙的な建築書の刊行に見ることができる。

啓蒙的な建築書

一七世紀前半にフランス国王の建築家としてパリで活動したピエール・ル・ミュエ（一五九一～一六六九年）が著した『万人のための建築技法』（Manière de bien bastir pour toutes personnes、一六二三年初版）は、様々に変化する敷地に対応した住宅家屋の形態を図面と解説を駆使して提示した建築書である。それ以前にも存在した建築書において、都市の一般の住宅家屋は書物全体の一部を割いて論じる主題にすぎなかったのに対して、ル・ミュエがもっぱらその主題だけを扱った建築書を著したことは特筆に値する。その意図は、「公共建造物やその他の豪華な建物においてはごく普通に行われているように、個人の家屋においても規範や快適性が尊重されるようにするために、想定されたあらゆる大きさの敷地においていかに建築を行うべきかを広く人々に示すことにある」と、前書きの中に明確に述べられている[注3]。

ル・ミュエは、現実の都市の敷地を念頭において、間口一二ピエ（三・八九メートル）、奥行き二一・五ピエ（六・九八メー

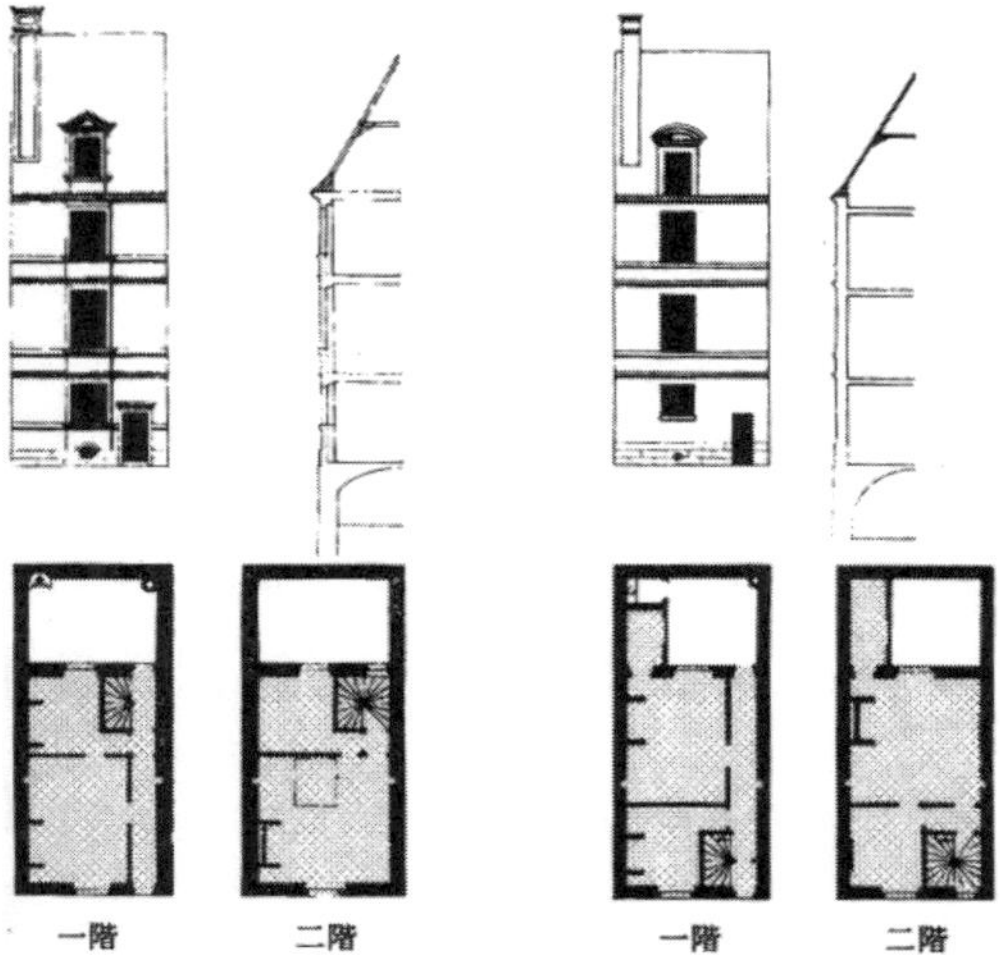

図3-9　ル・ミュエの小規模家屋*19

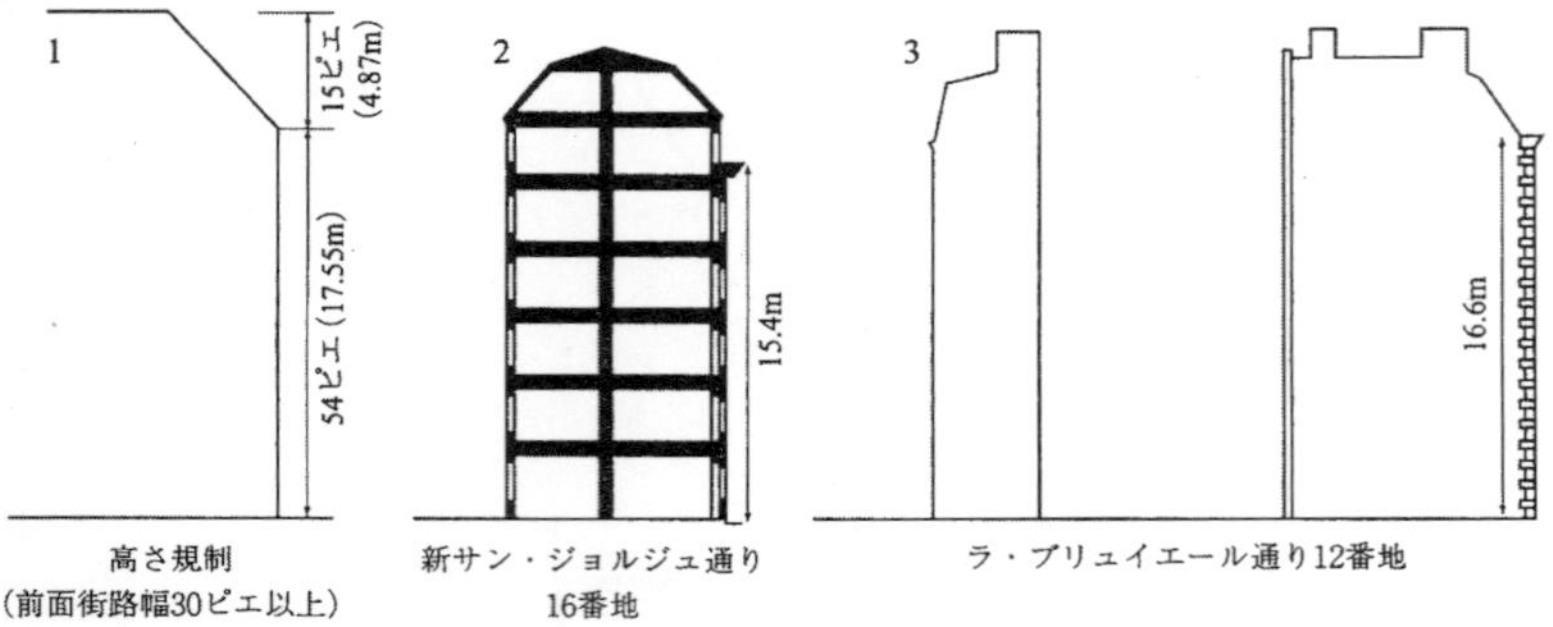

図3-10　1784年の建物高さ規制(左)と建物断面例*[18]

トル）の最小規模の第一類型の敷地から、間口三八ピエ（一二・三四メートル）、奥行き一〇〇ピエ（三二・四八メートル）の第七類型の敷地まで、間口と奥行きが連続的に変化する敷地、ならびに間口五七ピエ（一八・五一メートル）、奥行き一一二ピエ（三六・三七メートル）などのさらに大規模な類型の敷地を設定する。そして、それぞれの敷地に対応する中庭型の家屋の配置、間取りおよび立面を寸法入りの図面と解説によって具体的に示してゆく（図3-9）。そこにおいて追求されている住宅の快適性もしくは居住性は、建物内部の居室の規模や間取りに関わる住みやすさにとどまらず、建物と中庭の規模や位置関係によって影響される居住環境をも含んでいるはずである。

建物高さの規制

中庭型家屋の形態は特別の規制によって生み出されたものではないが、その建物の高さについては比較的早い時期から規制が行われてきた。パリでは、限られた敷地の中で住宅の床面積を確保する必要から、家屋が高層化する傾向が早くから見られ、一八世紀から一九世紀にかけての時期には、五階ないし六階前後の家屋が増えていった。

パリの家屋の高さ規制は一六六七年に行われ始めたが、その後、一七八三～一七八四年に今日の高さ規制の原型となる規制が導入された。その規制の方法は、街路沿いの軒高の上限および軒から屋根の棟まで高さの上限を定め、さらに軒から棟に至る屋根の傾斜の限界を定めるものである。そのようにして、街路に対する建物の最大の輪郭が定められた。

軒高の規制値は前面街路の幅員によって異なるが、斜線規制のように街路幅員と比例関係にあるのではなく、街路幅員に応じて三段階に分けて定められた。三段階の軒高規制値の中で最大の値は五四ピエ(一七・五五メートル)であり、軒から棟までの高さの最大値は一五ピエ(四・八七メートル)そして屋根の最大傾斜は四五度であった(図3-10)。

この高さ規制の目的は街並みを統一することにあったのではなく、街路すなわち公道沿いの建物の通風と採光ならびに火災に対する安全を確保することにあった。高さ規制によって定められた最大の輪郭を超えなければ原則としてどこに建物を建てても良いので、敷地を有効に利用するために、規制の輪郭に近い形の断面をもった建物がつくられた。衛生や安全を目的とする高さ規制は、結果的に建物の外形を決定し、街路景観の統一性を生み出す要因としてはたらいたのである。その時代は、公道以外の中庭、あるいは「内部空地」と呼ばれた私道や通路等の空間に面した建物の高さは規制の対象になっていなかった。一九世紀半ばの第二帝政期には、従来の三段階の高さ規制値に、広幅員(二〇メートル)街路に対応する新たな高さ規制値が追加され、屋根裏空間の利用の便に配慮した屋根の最大輪郭線を半円形とする規制が導入された。さらに、中庭および私道や通路等の内部空地に面する建物部分の高さも規制されるようになり、第三共和政下の一八八四年には内部空地にも公道と同じ高さ規制が適用されるようになった。

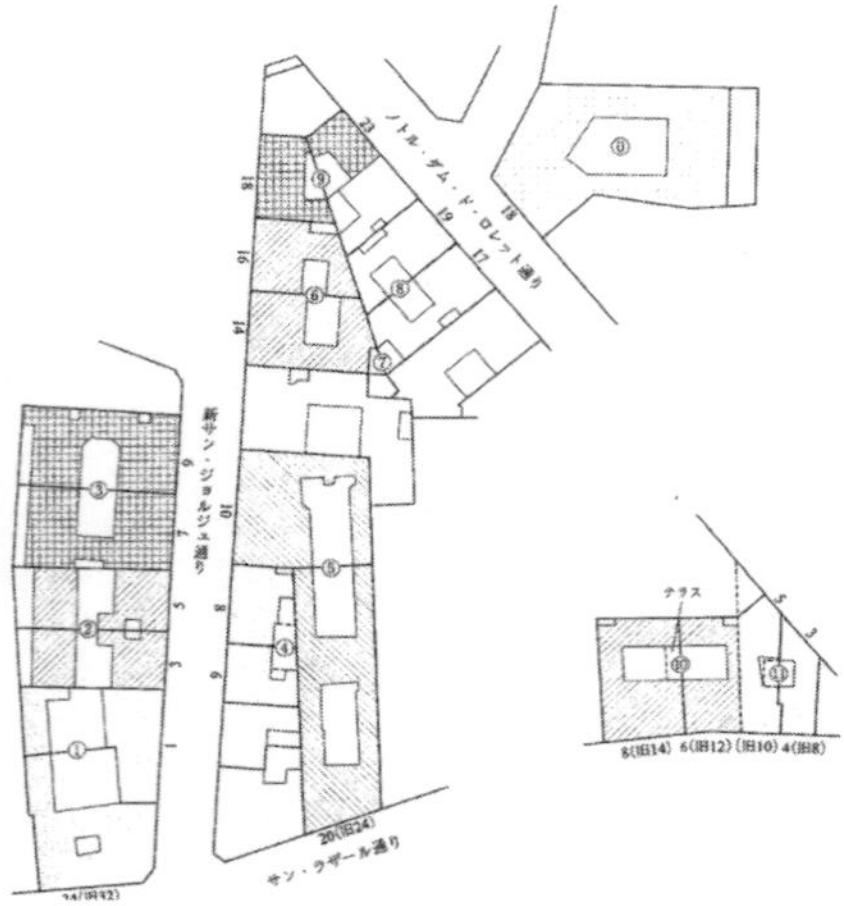

図3-11　パリの中庭集合体*18

中庭の集合化による居住環境の向上

中庭は敷地内の居住環境に大きな影響を与える私的な空間である。パリの家屋の建設は、たいてい敷地ごとに異なる建築主によって行われ、中庭の規模や配置は敷地ごとに決定された。しかし、そうした状況において、隣り合う敷地の所有者が合意して、それぞれの中庭の配置や規模を調整し、敷地境界をはさんだ中庭の集合体を創り出すことがあった（図3−11）。中庭集合体を形成する中庭相互を隔てる境界壁は建物の一階部分と同じ程度の高さに抑えられ、それより上の中庭の上空には一体の空間が出現した。通常、建物の高さは屋根裏を除いて五階から六階程度であり、一階部分は住宅以外の用途に充てられることが多かったので、二階以上に設けられた住戸は広い中庭集合体の空間による通風や採光の恩恵を直接受けることができた。

中庭集合体は、土地の分譲から家屋の建設に至る市街地開発過程のいくつかの段階で創り出された。第一に、建築用の画地分譲の段階で、分譲主体が、あらかじめ中庭集合体が形成されるように隣り合う土地に建設される家屋の配置を決め、それに従った建築を行うことを条件として土地を売却する場合があった。第二に、同じ建築主が隣接する複数の家屋を建設する際にあらかじめ中庭集合体をつくり、後に、それぞれの家屋を、中庭を保全する契約条件をつけて、別の主体に売却する場合があった。第三に、隣接する敷地の所有者が同じ時期に家屋を建設するに際して、中庭の位置や大きさについて合意し、中庭集合体を創り出す場合があった。そのほか、既存の大きな家屋が分割して売却される場合に、中庭集合体ができるように契約条件をつけて売却される場合もあった。

中庭集合体が複数所有者の自由な意思の下でつくられた理由は、所有者が土地の所有権を保全したまま、中庭の配置を許容できる範囲内で調整する負担を互いに負うことによって、より大きな中庭集合体の利益を等しく享受できるという合理性にあったと考えられる。その合理的な内容に裏打ちされた所有者の間の契約が、中庭集合体の存在を担保していたのである。

しかし、やがて、中庭集合体の存続をより確実なものにするために、契約の当事者として市が関与する制度も整備された。一八八四年のパリの家屋の高さに関する規則は、中庭の最小規模の規制を導入すると同時に、中庭集合体を形成する土地の所有者が市との間で中庭集合体の保全のための契約を交わす場合に、その見返りとして、中庭集合体全体に対して中庭の最小規制面積の一・五倍に相当する規制値を適用することによって、実質的に個々の中庭に対する最小面積の規制を緩和する措置を設けたのである。

【4】建築線を介した空間の奥行き

中庭型家屋が建つ敷地は建築線によって街路と明確に区分され、相互にも区画されて、多かれ少なかれ細分化している。そうした都市空間の構造は、空間を性格づけ、空間に対する意識にも影響を与えるであろう。

建築線は、その外側にあらゆる人が自由に行き交う街路という公的な空間を創り出し、その内側には住む人のみが使用する敷地という私的な空間を創り出す。住まいの一つの基本的な性格が、見知らぬ他者の立ち入りから守られた私的な領域たることにあるとすれば、建築線の内側はそれを体現している。

パリの中庭型家屋は世帯専用の個人邸宅も存在するが、たいていは内部が複数の住戸すなわちアパルトマンに分割された共同住宅家屋である。しかし、それは複数の世帯がすべてを共同で使用する家屋ではなく、家屋の規模および内部空間の性格付けなどからしても、むしろそこに居住するそれぞれの世帯にとっての私的な領域としての性格が強い。

まず、何よりも家屋の内部は、独立した住宅としての利用を前提とした居室や設備を備えた専用の住戸に分割されており、それぞれの住戸はその居住者だけが自由に使用できる私的な領域である。家屋内の住戸の数は様々であるが、敷地が細分化されていることや住戸の大きさとの関係もあって、その数は比較的限られている。例えば、一九世紀前半に建設された一〇〇〇平方メートル余りの比較的広い敷地に中庭を囲んでロの字形に建物が配置された家屋は、街路に面して鉤型に曲がる建物の一階に二つの店舗、二階から四階の各階に二つの住戸、五階と六階にそれぞれ四つの住戸があり、敷地奥の建物の一階には厩舎と車庫、二階から四階の各階に二つの住戸、五階に三つの住戸、そして屋根裏には下の階に住む世帯が女中部屋として用いた部屋がある[注4]。それは比較的大きな家屋であるが、店舗と住戸を合わせた数は二五戸である。その近隣にある敷地面積が二〇〇平方メートル弱の、街路沿いの単一の建物と中庭からなる家屋の場合は、一階から六階までの各階に二つの住戸があり、一階の管理人室を除くと住戸数は一二戸である[注5]。家屋の中の住戸および居住者の数が比較的限られていることは、居住者が自分の住戸だけでなくその家屋自体を私的な領域と感じるのを助ける効果があると考えられる。さらに、通常、住戸は階段を核として、各階の踊り場の回りに配置され、家屋の中での住戸の独立性を高める構成がとられている。

住戸以外の家屋の部分は、居住者が共同で自由に使用する空間、または居住者が必要に応じて個別に契約して専用として使用する空間である。主な共用の空間は、街路と家屋を隔てる戸口から奥の中庭に至る通路、通路から上の階に導く階段とその踊り場、そして中庭である。中庭の奥に建物があれば、同じように共用の通路と階段によってその中が結ばれる。中庭は、家屋内の通風・採光ならびに移動のための重要な空間である。家屋の戸口とそれにつながる通路が、かつての自家用馬車の出入りを前提とした規格でつくられていれば、今日でもそのままで中庭への自動車の乗り入れが可能である。そのような家屋では、しばしば、一階部分に厩舎や車庫がつくられた。また、水道が整備されていない時代には、中庭などに共用の井戸が設けられ、住人に水を供給した。

そのほかに、住戸以外の専用の空間として、地階につくられた地下室がある。相互に区画され独立した地下室は、貯蔵庫や倉庫として使用され、地上階にある住戸を補完する役割を果たす。

そうした住戸以外の共用または専用の空間は、住戸の独立性を高める家屋の構成と相まって、むしろ居住者が家屋自体を自分にとっての私的な領域と実感するのを助け、住戸を中心とする家屋の私的な領域にいわば奥行きを与えている。

他方、家屋の外に着目すると、独立した私的な領域を形成する家屋が街路によって結ばれ、街路沿いにあるいは街路で区画された街区に集まって近隣とでも呼ぶべき空間のまとまりを生み出す。近隣性は、空間の公私の性格区分ではなく、むしろ、街路や家屋という空間の要素と、距離感、生活における人の行動や関係などが生み出す身近な空間の領域性である。例えば、中庭型家屋の街路に面した一階にしばしば設けられる店舗は、日常の買物の場となって近隣性を生み出す有力な要素となるであろう。近隣の広がりに明確な基準はないが、近隣性は都市空間を分節化し、それに奥行きを与える。

街路と敷地の空間構造に立脚する中庭型家屋の内なる居住空間の奥行き、およびその外なる都市空間の奥行きは、人間の意識における居住空間の安定性を高め、そしてその居住性を高める要因になると考えられる。

【5】中庭型家屋と対峙する住宅団地

住宅団地の空間構造の意味

街路と敷地に細分化され、敷地の有効な利用を求める力がはたらく都市空間において生み出された中庭型の住宅家屋は、高密化あるいは過密化する可能性を内包していた。実際に、細街路や小規模な中庭に対して高さを増す建物が集積する市街地の過密な状態は、通風や採光の条件を低下させて衛生的な居住環境を損ない、火災時に類焼の危険性が増す問題として取り上げられてきた。既に一八世紀から一九世紀にかけて近代のパリで行われていた建物の高さ規制や隣地間における中庭集合体の整備は、そうした問題への具体的な対応の手段にほかならない。

しかし、二〇世紀に入ると、街路と敷地からなる都市空間の構造および中庭型家屋そのものを問題の根本原因と捉えて、これを否定し、新しい都市空間の構造を理論的に提起し、その実践を通じて問題の解決を図ろうとする動きも現れた。

建築家トニー・ガルニエ（一八六九～一九四八年）は、住宅は採光や日照を確保するために少なくとも一つの南向きの窓をもつこと、そして住宅に伴う空地は閉鎖的な中庭ではなく開放された空地とすることを基本条件として、住宅地の計画を展開した。その理論に従って計画された「工業都市」（La cité industrielle、一九一七年公刊）では、住宅は境界の囲いをなくして人が自由に通行できるようにした敷地の庭の中に、南北の建物の間を南側の建物の高さに相当する距離だけあけて配置された[注6]。ガルニエはまた、現代フランスの社会的住宅であるＨＬＭ住宅（適正家賃住宅）の前身ＨＢＭ住宅（低価格住宅）の建設や取得を主な目的として設立されたロスチャイルド財団が主催した、パリのある街区に建設する集合住宅団地の設計競技（一九〇五年）に応募し、南北方向に対して四五度軸を傾けて建物をジグザグ状に配置した案をもって臨んだ[注7]。選外とはなったが、異彩を放ち注目されたその計画案には、ガルニエの住宅地計画の理論が反映されていた。

二〇世紀の新しい建築のあり方を追究する建築家等が集まって展開したＣＩＡＭ（国際近代建築会議）がアテネの会議で採択した都市計画の原則は、後に、ル・コルビュジェにより匿名で「アテネ憲章」として公刊され（一九四一年）、いわゆる近代主義の建築および都市計画理論の象徴ともなった[注8]。アテネ憲章は、都市の現状に対する批判と解決策を、住宅、余暇、労働、移動という人間の生活の異なる側面ならびに歴史的建築遺産の視点から展開する。その中で、中庭型の住宅家屋は、街路側では交通騒音や排気ガスに晒される一方、中庭側では建物の向きによっては日照を奪われる居室が生じるという理由から批判され、その存在自体が否定された。アテネ憲章が目標とする新しい住宅の形態とは、相互に十分大きな距離をとって配置された高層の建物である。それは建物の周りに広大な緑地を生み出すと考えられた。そうしたいわゆる近代主義の建築理論は、十分な通風、採光および日照が確保された衛生的な居住環境の実現を目的として、街路と細分化された敷地による制約を逃れ、十分な隣棟間隔を置いて配置された建物によって構成される都市空間への転換を促していた。

近代主義的な建築および都市空間は、例えば、フランスの大都市郊外の住宅団地に実現の場を見いだした。それは、必ずしも、住宅団地が近代主義の建築理論を実現するために建設されたという意味ではない。第二次大戦後の経済成長に伴う都市人口の増加に見合う大量の住宅供給を迅速に行うための住宅政策の一環として、住宅団地の建設が展開された。広大な一団の土地に、多数の住戸を備えた高層あるいは長大な建物を点在させた住宅団地の形態はそうした課題に応え、近代主義の理論はそれに根拠を与えたのである。

住宅団地の再構成とレジダンシアリザシオン

住宅団地には、家賃と入居者所得の制限を受ける社会的住宅を代表するＨＬＭ住宅が集中的に建設された。一九六〇年代を中心として建設された多数の住宅団地は、その後、経済や雇用が低迷する状況下で、入居者の変化も加わり、しばしば、失業による住民の生活の不安定、住宅や施設の水準の低下、教育の低下、さらには治安の悪化などの問題が相互に関連し合いながら進行する地域となっていった。移民としてフランス社会に生きる人々がそうした問題に直面する割合が高いということも、事態を複雑かつ深刻化させている。この問題への取り組みはフランスの内政上の重要課題と位置づけられ、都市政策の名の下に、地域の経済振興と雇用拡大、住宅および都市の整備、教育の向上、社会活動、治安の維持など幅広い分野にわたる施策が総合的に展開されてきている。その一環として行われている住宅および公的施設などの居住環境の改善に焦点を当てた都市再生整備の取り組みの中で、住宅の建て替え、改修や施設の増強などとともに、住宅団地の空間構成の見直しが進められている。

街路と細分化された敷地に立脚する中庭型家屋からなる伝統的な都市空間に対して、新たな住宅団地の空間構成は、広大な土地に隣棟間隔や方角を考慮して大規模な集合住宅建物を配置する点に特徴がある。理論的には、通風、採光および日照などによってみた衛生的な居住環境としては問題が少ないはずである。その見直しの内容として注目されるのは、地区内街路網の整備とレジダンシアリザシオンと呼ばれる住宅建物の整備改善である。

レジダンシアリザシオン(résidentialisation)とは住居を意味するレジダンス(résidence)という言葉から生み出された概念であり、いわば居住性の回復というような意味をもつ。全国各地の住宅団地などで実施される都市再生整備のプログラムを認定して財政支援を与えるために設立された都市再生整備全国機構(ANRU)の規則によれば、その補助金の対象に含まれるレジダンシアリザシオンとは、私的な空間としての集合住宅建物とその外の公的な空間の区分を明確にすることを目的とする建物側における整備事業である。より具体的には、建物の所有権の範囲の確定、建物の外構、建物へのアクセス、一階玄関ホール、建物内外の駐車場、および地下室に関する事業がレジダンシアリザシオンの内容となる。すなわち、レジダンシアリザシオンは、一団の土地の中に配置された住宅団地の建物のあり方を変えるために、建物の敷地の範囲を明確に表し、敷地内の建物周りの空間を整備して、さらに敷地の外と建物内部の居住空間を結ぶ経路を創り出し、地下室や駐車場のような建物内の住戸を補完する要素を付け加えようとするのである。

住宅団地の空間構成の見直しにおける基本的な目標として位置づけられたレジダンシアリザシオンと街路網整備の実際を、パリ郊外に位置するオルネ・ス・ボワ市の北部地区の都市再生整備プログラム(二〇〇四年認定)の例を通して見てみよう。

パリの北東十数キロメートルに位置するこの典型的な郊外都市は、一九六〇年代から七〇年代初めにかけて、市の北部での大規模な住宅団地の建設などによって急速に都市化が進み、いわゆる北部地区が形成された。市の人口のおよそ四分の一が住むこの北部地区(一九九九年、市八万三〇人、北部地区二万三六七一人)は、一部に戸建て住宅地を含むが、大半が大規模な社会的住宅の建物が林立する住宅団地である。その中心的な存在として、広大な国道建設用地によって周辺から分断された約三〇〇〇戸のローズ・デ・ヴァン団地がある。

建設から三〇年以上を経て今日に至るまでの間に、地域の雇用や生活基盤の低下(団地と同時期に建設されたシトロエン自動車工場の不況による人員削減、大規模ショッピングセンターの近隣への出店に伴う団地内の商業施設の閉鎖など)および居住者層の変化(比較的富裕な居住者の転出、市中心部の再開発によって立ち退いた移民世帯の転入など)もあって、北部地区の住民は、市の平均と比べて、若年者(二〇歳未満人口、地区四一%、市三一%)、外国人(地区三四%、市一三%)および失業の比率(地区二八%、市一二%)が目立って高い。これは、他の都市再生整備の対象地区にも共通する社会・経済的な特徴である。そうした状況に照らしてみると、企業誘致、就業支援、教育支援、近隣生活環境の管理などの社会・経済的な措置は重要な意味をもつ。それらの措置の実施と並行して、住戸の改修、住宅建物のレジダンシアリザシオン、街路の

写真3-5　レジダンシアリザシオン後の団地の建物（撮影：鈴木隆）

写真3-6　街路開設（矢印部分）による団地の再構成*20、21

開設、および公的空間の整備などを含む居住環境の再生整備が行われる。

北部地区の住宅団地におけるレジダンシアリザシオンのモデルケースと目されている建物（ル・メリジィエ、四五〇戸）は、長大な共同住宅建物を私的な色彩の強い小規模な居住棟すなわちレジダンスの集合体に転換させている。そのために、限られた数の住戸のまとまりとしての居住棟ごとに敷地への出入りのための暗証番号開扉式の専用門がつくられ、敷地の境界に鉄柵などを設けて敷地が明確に区画された。敷地内の居住棟の前面は植栽を施した庭として整備され、ごみ収集設備や郵便箱などが新たに備え付けられた（写真3−5）。

レジダンシアリザシオンは、場合により、新しい街路の開設と連動して行われる。例えば、一隅が途切れた凹字の形に配置された長大な建物（ゼフィール、約六〇〇戸）は、その一部を取り壊して開設される街路によって二つの街区の建物に分割される（写真3−6）。その街区において、街路や歩行者空間などの公共空間の整備および住戸の改修のほかに、建物自体のレジダンシアリザシオンが行われることになっている。

住宅団地の空間構成に関わるレジダンシアリザシオンは、中庭と前庭という庭の配置の違いはあるとしても、団地の共同住宅建物を、固有の敷地をもち、敷地の外と建物の中の住戸を結ぶ通路、中庭および階段などの経路を内包し、さらに住戸を補完する地下室などをもつ都市の伝統的な中庭型家屋に近づけることを意味しているともいえるであろう。また、街路網が粗く、必ずしも街路が建物に直接接続しない団地における新たな地区内街路網の整備は、街路と建物の接続を増やし、街路によって区画されたより小さな居住空間のまとまりを創り出すことを意図したものである。そこにも、街路と細分化された敷地および街区からなる伝統的な都市空間の構成に回帰しようとする方向性が見てとれる。しかし、それは必ずしも近代主義的な都市の空間構成が伝統的な空間構成によって否定されようとしているということではないと思われる。重要なのは、いずれの原理が優れているかという一般論としての評価を行うにとどまらず、むしろ、いずれの原理に立つとしても、具体的な状況に即して、あるいは形をなした個別の空間に即して、評価を行うことであろう。

【6】まとめ

パリの伝統的都市空間とそれを創り出している中庭型家屋の構成を解き明かしてゆくと、そこには歴史的な経過に裏打ちされた合理的な意味が見えてくる。一方では、都市の限られた資源である土地を有効に利用しようとする力がはたらき、他方では、通風と採光によって表される居住性を確保しようとする力がはたらき、それに敷地の境界に建物壁面を置くことを許容する制度的条件が加わって、伝統的な都市居住の形態である中庭型家屋が形成されたと考えられる。

わが国においては、急激な人口増加と都市化の時代を経て、今日、そこからの転換が進みつつあるが、そうした状況においても、都市の集住性という本質的な性質がなくなることはないだろう。わが国の都市の居住形態を考える上で興味深いのは、中庭型家屋の形式そのものであるよりは、むしろそれが生み出され、維持されるところにはたらく原理もしくは仕組みである。中庭型家屋の形式を導く基本的条件の一つとなる敷地境界への建物壁面の設置は、火災安全および通風性などの観点からは、都市居住の基本的条件として許容されるか検討の余地があるかもしれない。また、土地の有効利用と居住性の確保は都市居住の基本的条件として認められるとしても、それが現実の空間として形をなす段階で重要なことは、それら二つの条件の均衡点をどこに見いだすかということである。パリなどのフランスの都市と比べると比較的温暖湿潤な風土にあるわが国の都市においては、通風そしてさらには日照がより大きな意味をもちうる。そうしたことがらを考慮しながら、わが国におけるより質の高い都市居住の形態を追求してゆく必要があるのだろう。

3−4　持続的社会を支える水と緑の広域パークシステム（ボストン）

二〇世紀は、都市の拡大の時代であった。科学技術の発達、中でも自動車交通の発達は、人類が未だ経験したことのない巨大都市圏を生み出した。地球のすみずみにまで及んだ都市化の波は、二一世紀初頭の今日、地球温暖化に象徴されるように、環境総体としての持続性を揺るがす社会的問題となっている。そして、今後の地球環境のインフラをどのようにつくっていけばよいかという課題を、この時代を生きるすべての人々に問いかけている。

しかしながら、生きとし生けるものの一つの存在として人間を捉え、田園や自然環境の持続性をいかに保障していくかは、有史以来、人類共通の課題としてあった。人々は、その時代の文化的、社会的、経済的、技術的水準に照らして、環境と人間生活を持続的に維持させる仕組みを生み出してきた。最もわかりやすい事例としては、世界各地に存在するコモンズ(日本では入会地)がある。イギリスでは、一八〜一九世紀にかけて、共有の牧草地や燃料の取得の場であったコモンズの囲い込みが始まった。囲い込みに対する反対運動は、広範な社会的運動となり、その永続性は、都市構造を左右するものとして認識され、コモン保全法(一八六六年)が成立し、今日に至る。日本におけるコモンズの典型は、都市近郊に残る里山であるが、コモンズとしての社会的合意形成が行われないままに、高度経済成長期に、薪炭林としての役目を終えた緑地と見なされ、住宅団地、ゴルフ場、産業廃棄物の捨て場、土砂採取場などへと変貌を遂げた。奔流のような開発の波が沈静化し、人口減少という新しい時代を迎え、私たちは、持続的社会を支える緑地のインフラをどのように再生していくことができるのだろうか。

本節は、この問いに対して、二〇世紀都市計画史を俯瞰し、その最も優れた事例の一つと考えられるアメリカ・マサチューセッツ州の「ボストン広域緑地計画」について、その誕生の経緯と一世紀を超える歩みについて述べることにより、今日的課題への一つの手がかりを得ることを目的とする。

【1】都市の拡大とエメラルド・ネックレス

ボストンは、アメリカ東部マサチューセッツ州の州都である(写真3-7)。一七世紀初頭に、イ

写真3-7　ボストン（チャールズ川よりビーコンヒルを見る）

図3-12　ボストンの地図（1846年）*25

ギリスから移住した清教徒により、街の基礎が築かれた。当初の街は、ボストン湾に突き出した氷食地形の名残である小高い丘の上に建設され、貿易港として活況を呈していた（図3−12）。この小高い丘の麓に設けられたのが、今日も残るボストン・コモンで、市民の共有地として、放牧、集会、兵隊の訓練の場など、様々な用途に使われていた。一九世紀中葉になると、ボストンの後背地に当たるニューイングランド地方で、豊富な水力を利用した紡績産業が活発になり、新天地を求め、ヨーロッパからの移民も増大し、ボストンは都市の拡大という大きな問題に直面することとなった。

計画的都市再開発事業として、第一に行われたのが、ボストン・コモンに隣接する湿地帯を埋

写真3-8　コモンウェルス・アヴェニュー（写真中央の緑地帯）

写真3-9　バックベイ・フェン

め立てて、新市街地を創り出すプロジェクトであった。この地区は、ボストン湾に対し、後ろの湾、すなわち、バックベイと呼ばれる。今日では、歴史的建造物保全地区となり、ボストンでも最も賑やかで格式の高い地区となっているが、一五〇年前は、広大な湿地であった。

　このプロジェクトは、マサチューセッツ州と民間デベロッパー（当時の埋め立て業者）が共同で実施に移したが、事業開始当時（一八五八年）、州政府は充当する資金を有していなかった。このため、州政府は総面積九・五ヘクタールの事業予定地のうち、二・三ヘクタールを埋め立て業者に譲渡する条件で、事業を開始した。街区設計の特色は、良好な市街地を形成するために、埋立地の中央にボストン・コモンに連なる、複数の並木を有するプロムナードを創り出したことにあった（今日のコモンウェルス・アヴェニュー、写真3-8）。優れた環境インフラの創造により、バックベイ地区は多額の開発利益を収めることができ、州政府は、土地売却益を、当時必要とされていた、大学、学校、博物館などの公共事業に充当した。このプロジェクトは、世界で初めての、いわゆる第三セクターによる都市基盤整備事業として歴史的評価を受けている。良好な環境インフラをつくり出すことが経済的合理性を満足させるものであることを実証した点で、画期的なものであった。

ボストンへの人口の集中は、一八七〇年代になるとますます加速され、バックベイ地区をさらに越えて、田園の広がっていた地区の都市基盤整備が課題となった。この一帯には、氾濫を繰り返していた泥の川（マディー・リヴァー）という都市内河川があり、治水問題の解決と新市街地整備を連動して行う必要があった。この問題に技術的・デザイン的解決をもたらしたのが、当時、ニューヨーク・セントラルパークの設計で名をなしていたフレドリック・ロー・オルムステッドであった。彼は、一八七〇年にボストンのローウェル協会で、「公園と都市の拡大」という講演を行い、都市化に先立ち、緑地を系統的に整備することの重要性を訴えた。そして、ボストンについては、コモンから伸びるコモンウェルス・アヴェニューに連続させ、複数の遊水地を有する水と緑のネットワークを提案した。この案は、折からのボストン大火後（一八七二年）の経済恐慌の中で、実現が危ぶまれた。しかし、市は一八七五年に公園法を成立させ、公園のための土地取得および財源として公園債を発行する決定を下し、その後約二〇年の歳月を費やし、大小併せて六つの公園と緑地・公園道路からなる八〇〇ヘクタールのパークシステムを創り出した。図3-13は一八九四年の図面である。図面の右側の河川が、マディー川の本川であるチャールズ川で、その合流点に計画されたのが、調整池と湿地環境を併せて再生させたバックベイ・フェン（写真3-9）である。フェンとは湿地の意味であるが、湿地と

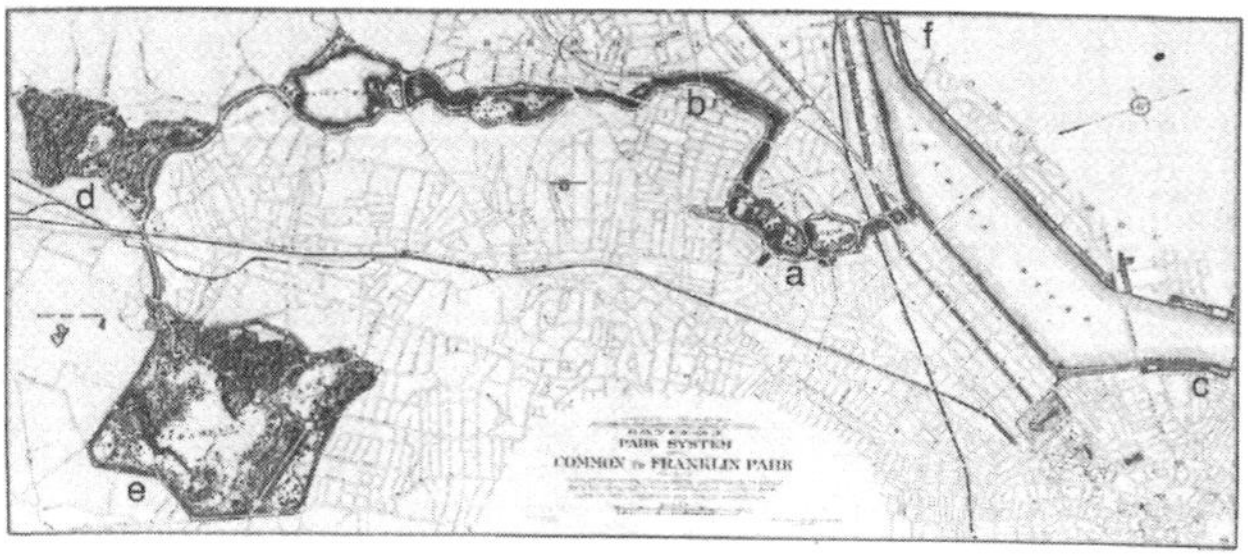

図3-13　ボストン・パークシステム計画図（1894年）*26

いう自然環境を環境のインフラと見なしたことは、今日のビオトープの考え方に通じるものであり、先見性の高い計画であったことがわかる。隣接地には、フェンウェイという公園道路が整備され、後に、野球の殿堂、ボストン・レッドソックスの本拠地、フェンウェイパークがパークシステムの一環として整備された。また、この河川沿いにはボストン美術館が立地しており、大小の美術館がさらに整備され、文化の軸となっていった。さらに、ハーヴァード大学理学部の協力により、アーノルド・アーボリータム（アーノルド樹木園）がパークシステムの一環として組み込まれた。この樹木園は、世界各地からの樹木を集めた研究所であり、日本からも、明治期に横浜から海を渡った様々の樹木が、大きな枝を広げて年輪を刻んでいる。ボストンのパークシステムで最大の面積を誇るフランクリン・パークは、ベンジャミン・フランクリンが故郷のために寄附をした基金に基づき土地の買収が行われ整備されたものである。

このように、多くの人々の協力と努力により生み出されたパークシステムは、いつしか「エメラルド・ネックレス」（緑の首飾り）と呼ばれるようになり、ボストン市民の誇りとなる空間となっていった。

【2】広域パークシステム

都市の急速な拡大の波は、ボストンに隣接する市町村の共通の課題であった。ボストン市に続き、一八八二年には、マサチューセッツ州のすべての市町村に、州法として、公園法が適用されるようになった。この一方で、優れた美しい都市近郊の自然環境は、日に日に破壊されていく状況が続いた。ニューイングランドの優れた自然環境の保護のために立ち上がったのが、オルムステッドの弟子であったチャールズ・エリオットであった。エリオットは、アパラチアン・マウンテンクラブなど、自然愛好家の組織によびかけ、「公共保存地トラスティーズ」(Trustees of Public Reservations)の設立を成案に導いた(一八九一年)。これは、州法に基づき設立された公益法人であり、自然環境の持続的維持のために、土地を買収し、市民の利用に供することを目的としたもので、アメリカで最初に設立された組織であった。この運動はイギリスにも大きな影響を与え、一八九三年に成立したイギリスのナショナル・トラストは、このボストンの公共保存地トラスティーズの影響を受けている。

しかしながら、公益法人としてのトラスティーズには十分な財源がなく、保存地の確保は遅々として進まなかった。このため、トラスティーズのメンバーの尽力により、ボストンを取り囲む広域圏の市町村が税を投入し、共同で公園の整備と自然環境の保全を同時に行うことができる組織である、「広域圏公園委員会(Metropolitan Park Commission)」の設立に向けて運動が広がった。この運動は、エリオットと新聞記者であったシルヴェスター・バクスターの尽力によって、大きな進展をみせ、一八九三年、州法に基づき永続的な広域圏公園委員会が設立された。

写真3-10　ボストン広域パークシステム(チャールズ川)

先例のない広域パークシステムは、どのような計画・意思決定・財源に基づき整備されたのであろうか。広域圏公園委員会は、一八九二年に一年を期限とする暫定委員会として成立した。この委員会に課せられた役割は、詳細な緑地現況調査の実施であり、保全すべき対象の位置・規模・特色・土地所有の状況について精査し、広域パークシステム計画の原案を作成することであった。この調査を担ったのがエリオットであり、合計一二九カ所のオープンスペースを候補地として選定した。計画論は、今日でいうところの流域圏プランニングである。具体的には、ボストン湾に流入するネポンセット川、チャールズ川、ミスティック川の三河川の上流域の大規模な水源林の保全、点在する湖沼の保全、河川沿いの緑地の公有化、河口付近の干潟、湿地帯の保全であった。これらの緑地は複数の自治体にまたがっており、自治体間の共同の取り組みが必須であることを、エリオットは説いた。また、ボストン湾に注ぐ河口周辺の湿地帯は、地価が安いことから、不良

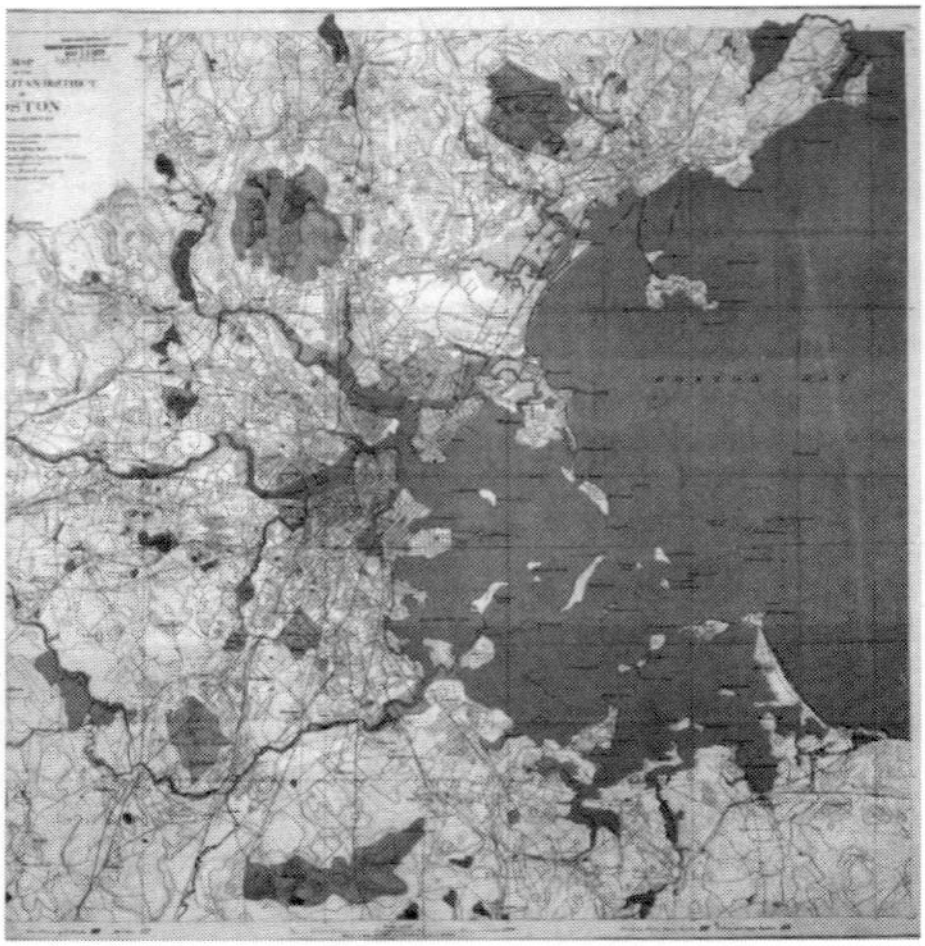

図3-14　ボストン広域パークシステム計画図(1893年)*27

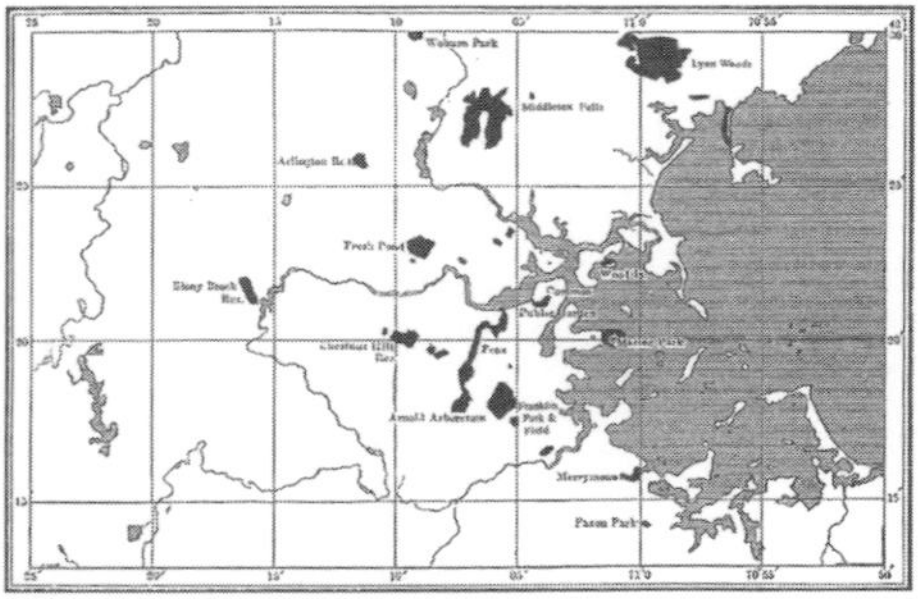

図3-15　ボストン広域パークシステム成立以前の公園緑地(1892年)*28

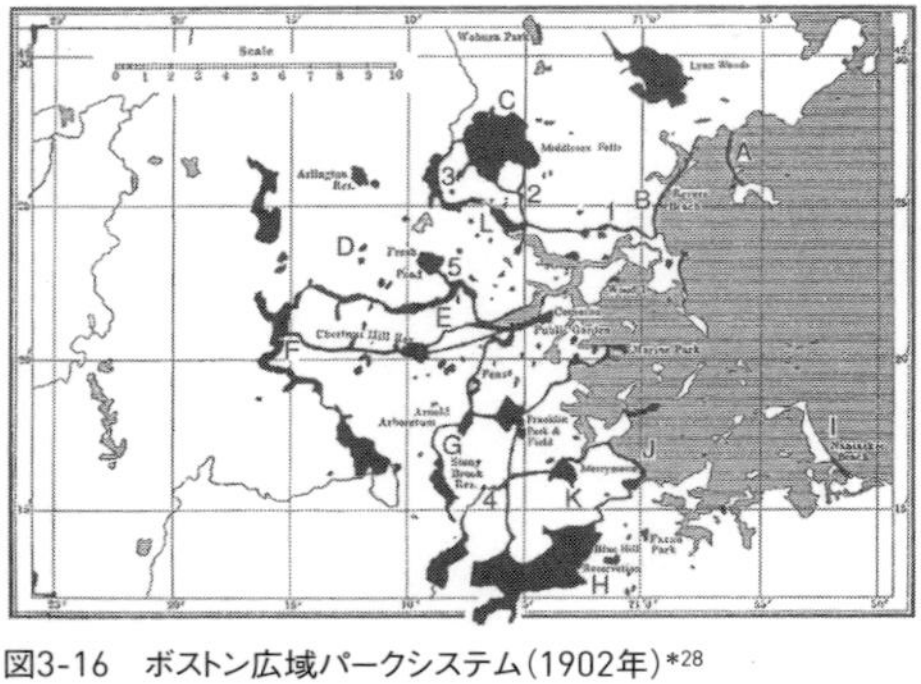

図3-16　ボストン広域パークシステム(1902年)*28

住宅の建設が進行しており、早急な対策が必要であるとした。

この原案は一八九三年州議会において可決され、財源として、州の発行する公園債が充当されることとなった。公園債の発行は、一八九五年から毎年、五〇〜一〇〇万ドルの規模で継続的に行われ、一九〇一年までの累計は五九五万ドル、そのうち、土地買収に充てられた金額は五〇八万ドルであった。土地買収費のうち約五〇％に当たる二四四万ドルは、最も都市化が進んでいたチャールズ川河口、リヴィエラ海岸沿いの緑地（写真3-10）の買収に充当された。

図3-14は、一八九三年に策定された広域パークシステム計画図であり、図3-15と図3-16は、広域パークシステム成立以前の公園緑地（一八九二年）と、一〇年後の公園緑地（一九〇二年）を比較したものである。都市化が進む前に、地価が安い段階で公有地化するという方針に基づき、大規模水源林と河川をネットワーク化させた広域パークシステムがわずか一〇年で形成されたことを読み取ることができる。一九〇七年の広域パークシステムの面積は四〇八二ヘクタール、パークウェイの総延長は四三・八キロメートルとなった。一九一九年、広域圏公園委員会と上下水道委員会は合併し、広域圏委員会（Metropolitan District Commission, MDC）となった。MDCはその後、二〇〇三年に改組されるまで、約一世紀にわたり広域パークシステムを蚕食させることなく維持し、レクリエーションの場としての提供を行ってきた。

【3】「世界的レベルの公園と自然保全に向けて」

二〇〇三年、マサチューセッツ州は、MDCと環境管理局（Department of Environmental Management）を統合し、新たな自然環境の保全と公園利用を一体的に進めるための州自然保全・レクリエーション局(ＤＣＲ)をつくった。この背景には、ＭＤＣの設立以来一〇〇年の時を経過し、都市化の状況の変化を踏まえて抜本的な自然資源の見直しを行う時期にきていたことから、より強力な体制を組織化することにより、新しい時代の環境基盤を構築していくという知事(Governor Mitt Romney)の意志表示があった。

ＤＣＲの設立に当たっては、ＭＤＣをはじめ、各自治体の公園委員会、州内の様々の環境団体、ＮＰＯ、市民グループのサポートがあった。

ＤＣＲの理念は、「マサチューセッツ州内にある自然的、文化的、レクリエーション的資源を保護し、活用し、魅力的なものにする」こととされ、「世界的レベルの公園と自然保全に向けて」(Toward World class Parks and Conservations)を目指している。新しい体制のスタートに当たって、ＤＣＲは、以下の四点を目標として設定した。

①現在、州が有している自然的、レクリエーション的資源の再評価

②新しい統合された組織を創り出し、それを市民が認識し育てていく土壌を創り出す。

③世界レベルのレクリエーションと自然環境保全に向けて、速やかな達成のプログラムを提示する

④ＤＣＲの資源管理に対する市民の評価と支援を高めていく

この目標を達成するために、ＤＣＲは次の四つの部門を設立し、活動を開始した。

(１)州立公園とレクリエーション部門……四五万エーカー(約一八万二一一五ヘクタール)に及ぶ森林(個人所有および州所有)と公園の管理。これは、マサチューセッツ州の面積の約一〇％に相当する。

(２)都市公園とレクリエーション部門……主として、ボストン広域圏における都市の自然環境、

歴史的地区、重要な環境資源を有する地区の保全とレクリエーション活動に関する部門。

(3)上水源保全部門……主として、ボストン広域圏における上水の水源涵養地域の保全と、湖沼、井戸のモニタリング。

(4)計画と技術部門……保全とレクリエーション計画、プロジェクト・デザインと管理などを実施し、DCRの活動を支える部門。

DCRの有する環境資産は、次のとおりである。これらのデータベースがつくられ、管理方針の策定が進められている。

・公園とレクリエーション資源……四五万エーカーの緑地、一五〇〇の建物、二〇〇〇マイルのトレール、五五の運動場、三九のプール、三九のアイススケート・リンク、六〇の遊び場、六七の海浜、一六のハーバー、三五二五のキャンプ場など。

・インフラストラクチュア資源……二七〇の橋、二〇〇〇の駐車場、一六〇のボート場、二六三のダムと堰、三五〇〇マイルの道路他。

・水域資源……二二万九〇〇〇の水源涵養区域（二五〇万人の飲料水のための水源涵養地域）、五五の上水道と井戸。

DCRの活動の特色は、当初の三年で短期的に取り組むべき事項を定め、速やかに行動計画に移すことを旨としたものである。二〇〇四、二〇〇五、二〇〇六年の年次報告書活動は、上記四つの目標の活動内容の実施状況について詳細に述べている。二〇〇六年における主な内容は、通常の管理に加えて、以下の新しい活動についても言及している。

・ハンディキャップの人々も容易に野外活動のできるユニヴァーサルデザインのレクリエーショ

ン活動の実施。
・合衆国環境保全局との連携による洪水調節地の公有化と改善。
・開発が進んでいた地域における良好な森林地帯の買収。
・安全な自転車道路のモデル地区の整備。
二〇〇六年の年次報告書によれば、二〇〇六年度のＤＣＲの支出は一億一四二八万六二二六ドル（約一三八億円）であったと述べている。そして、「世界レベルの公園と自然環境保全に向けて」、さらに次の内容の行動計画を持続的に進めるとしている。

目標1……野外におけるレクリエーション活動の場を改良し、同時に自然環境の保護を行う。
・ユニヴァーサル・アクセス・プログラムの導入により、すべての人々が野外でのレクリエーション活動を行うことができる機会の増大を図る。
・オルムステッドにより提案された緑の回廊を二一世紀の資産として継承、発展させる。歴史的公園道路管理ガイドラインにより、公園道路の改善を行う。
・小さな町への鉄道路線を再評価し、グリーンウェイの改良を行い、交通に準拠した開発と共同することにより、スマート・グロース政策を支援する。
・大規模な森林だけではなく、残された小さな森林資源も再評価を行い、保全林としていく。
目標2……ＤＣＲの施設を保全、修復する。
・多様な施設の維持管理方針と予算の再評価、優先順位の決定。
・特に、ボストン湾の島々に対するレクリエーション需要の増大に対する基盤整備と、水上交通の改善。

目標3……DCRの活動に対する広範な市民参加の推進。
・DCRの予算、計画、実施内容の情報公開を徹底的に行い、透明性を最も高いレベルにする。
・多様な市民、NPO、企業、自治体とのパートナーシップを強化する。
・ボランティアのコーディネーション機能を拡充し、DCRの活動への参加を容易なものとする。
目標4……マネジメントシステムの改善。
・DCR施設マネジメント情報システムの充実により、迅速できめの細かいサービスを実施する。

【4】まとめ

本節では、二〇世紀の世界の公園緑地計画、および広域圏計画に大きな影響を与えたボストン広域圏計画について、その誕生の経緯から、一〇〇年に及ぶ足跡について述べた。その結果、今後の環境の持続的維持について、以下の知見を得ることができた。
・ボストンでは、近代都市形成期に緑地を社会的共通資本と見なし、公的資金の導入、民間開発との連動、多様なステークホルダーの協働により、まず、市民共有の資産としての「エメラルド・ネックレス」が創り出された。
・都市内に誕生した優れた事例は、多くの人々が共感するところとなり、広域圏という広大なフィールドに新しい自然環境保全のシステムを導入していく契機となった。
・広域圏計画に当たっては、善意によるトラスト運動では限界があり、行政計画として広域圏計画を実現していくための広域地方計画の組織、法、財源のシステムが誕生することとなった。
・法に裏づけられた緑地は、その後一世紀の時を経過し、蚕食されることなく二一世紀に手渡された。

・二一世紀に入り、スマート・グロースなどの地球環境保全を意識した新しい都市計画動向に対応するとともに、新たな環境インフラを構築する社会的必要性からMDCのストックと州立公園のストックを有機的に再編統合し、DCRが誕生した。

・DCRの特色は、一〇〇年をかけて構築された自然資産の見直しと、適正な管理基準、手法の創出にあり、多様なステークホルダーがその成立と運営に関わっている。

総じて、水と緑は人間生活を支える基本的な資源であり、その維持・確保の観点において、ボストン広域圏の事例は極めて重要な示唆を与える。すなわち、時代がどのように変化しようとも、社会的共通資本として市民の合意と努力により創り出されたストックは、後の時代の人々が目先の利益に走り蚕食しない限り、時代を越えて蓄積され、豊かさを生み出していく基盤となるという点である。

3–5　コミュニティ戦略を担うパートナーシップ（ブリストル）

【1】生活空間としてのコミュニティづくり——Community Strategy

イギリスでは、「Local Government Act 2000（二〇〇〇年地方自治法）において、それまでの計画許可制度に代わり、より包括的な、地域の最上位の戦略であるCommunity Strategy（コミュニティ戦略）を策定することが各自治体に義務付けられた。コミュニティ戦略は、土地・空間利用を含めた生活の舞台である地域全体のサステイナビリティを目指すものである。分野横断的な、日常生活に関わるすべての課題を解決し、そのために積極的にコミュニティの住民の参加を促すことに重点を置いている。そして、地域の最上位の戦略として長期的な視点からの地域目標を掲げ、その達成のための取り組みと達成度の評価を行う。

一方、二〇〇〇年政府白書"Our Towns and Cities: The Future Delivering an Urban Renaissance"で「我々の政策、ガバナンスは強力な地域のリーダーシップの下で市民を含むパートナーシップにより実施される」注9とされているように、各地に新たなパートナーシップLocal Strategic Partnership（LSP）が設置された。これに先立って、一九八〇年代以降、ニューパブリックマネジメント（NPM）による都市再生を支える主体として官民パートナーシップを導入していたが、LSPは都市再生のみではなく地域のサステイナビリティ達成のための政策主体として新たな役割を担うものである。そのため、実際にはコミュニティ戦略は自治体ではなく、LSPにより策定されている。

ここで、従来の都市計画システムとコミュニティ戦略との違いを整理しておく。従来の都市計画システムは、中央政府が作成する各種指針であるPlanning Policy Guidance（PPG）、地域計画指針であるRegional Planning Guidance（RPG）等を踏まえつつ、自治体が土地利用のマスタープランの役割を果たす文書としてStructure Plan（カウンティレベル）、Local Plan（市町村レベル）というDevelopment Planを作成するというものであった。そしてDevelopment Control（開発規制）といわれる、開発行為に対する個別審査による許可制度を採用し、自治体に大きな裁量が与えられていた。しかし、こうした計画システムは手続に時間がかかること、各プランとの整合性の問題が生じていること、コミュニティ（住民）の参加が不十分であるとの反省から、見直された。まず、ＰＰＧに代わってPlanning Policy Statements（ＰＰＳ）が導入された。ＰＰＧがガイドラインという性格が強いのに対して、ＰＰＳは自治体の義務を強化したものである。また、ＲＰＧ、Structure Planに代わってはRegional Spatial Strategies（ＲＳＳ）が導入された。これは、より法的な権限のある計画として取り扱われ、個々の計画許可申請はＲＳＳに基づいて判断されなければならないこととなった。

コミュニティ戦略の導入後、The Planning and Compulsory Purchase Act 2004（二〇〇四年土地収用法）によってLocal Plan は新たなLocal Development Framework（ＬＤＦ）に置き換えられた。ＬＤＦの最も重要な点は計画策定の初期段階からコミュニティを巻き込むことが義務付けられたことである。土地利用の枠を超えた空間の質や機能に影響を及ぼす経済、社会、環境を考慮した空間計画アプローチにより、広範な課題に対処するためにコミュニティ戦略の強化と計画プロセスの迅速化、透明性の確保を図るための大幅な見直しが行われた。ＬＤＦは自治体によって策定され、特に土地・空間利用に関わる分野において、コミュニティ戦略に示唆を与えるものと位置づけられている。

コミュニティ戦略は、数千人規模の地区（ward）を基本的な政策単位としている。住民に最も近い地区レベルから課題を抽出し、住民が参加しやすい仕組みと住民の視点からのコミュニティづくりを実現するためである。コミュニティ戦略において、土地利用とは生活の場としての空間の全体の姿を反映し、そのあるべき姿を住民が決め、そのためにコミュニティづくりに参加するという理念がある。コミュニティづくりにおいて最も重要なインフラと位置づけられるのが、住民同士の絆である。

人口減少時代を迎えた日本の地域づくりにおいては、そのリスクの一つとして、住民同士の信頼や絆が希薄になることが挙げられる。しかし、衰退を防ぎ、持続可能なコミュニティづくりを目指すには、住民同士の絆を生み出す協働、あるいは共助の仕組みが基本的なインフラとして必要である。これは、ソーシャル・キャピタルという社会資本として協調的行動を容易にし、地域づくりを支援するものである。本節では、衰退地区におけるソーシャル・キャピタルの構築を基本とし、住民の主体的なコミュニティづくりを実践しているイギリスの事例を紹介し、日本における人口減少時代のコミュニティづくりへの示唆を提示したい。

【2】コミュニティづくりを担う新たなパートナーシップ—Local Strategic Partnership

地域戦略パートナーシップ（ＬＳＰ）はコミュニティ戦略を実施する上で、官、民間企業、市民・コミュニティ組織の協働を基本としている。イギリスでは、一九八〇年代においては中央政府と民間企業との間の官民パートナーシップによる個別のプロジェクトやプログラムをベースとした再生が目指された。一九九〇年代からは個別の分野への対応ではなく、環境・社会・経済の分野を跨ぐ総合的なアプローチが推進され、そのために単一予算[注10]が導入された。その際、都市・地域再生の実現には民間企業ではなく自治体の貢献が重要だとの認識がなされ、各地域にUrban Regeneration Agency（通称イングリッシュ・パートナーシップ）が設置された。イングリッシュ・パートナーシップの設置により自治体の貢献度は高まったものの、住民の主体的な参加は乏しいものであっ

図3-17　LSPによって統合された三つの場

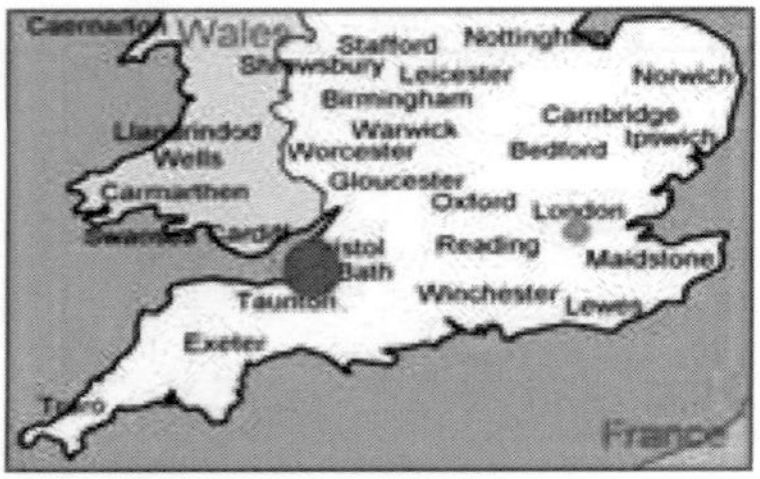

図3-18　ブリストルの位置

た。

地域戦略パートナーシップ（ＬＳＰ）の設置はこうした過程を経たものである。ＬＳＰは、行政、民間企業、市民・コミュニティ組織が地域の目標、課題、情報を共有し、対等・平等な立場と議論に基づき相互の理解と歩み寄りを経てコミュニティづくりを行うための仕組みである（図3-17）。自治体、民間企業、市民・コミュニティ組織間の対等な関係はローカルコンパクトという協定により保証されている。ローカルコンパクトは、一九九八年に導入された自治体と市民・コミュニティ組織との間の協定であり、地域において市民・コミュニティ組織の重要性を認め、こうした組織が積極的に地域づくりに参加することを促すものである。

筆者は、ＬＳＰによる地域運営の実態とその評価の仕組みを把握するため、先駆的な取り組みを行っているイギリス南西部の中心都市ブリストル（図3-18）を訪れ、自治体Bristol City CouncilとＬＳＰであるBristol Partnershipの担当者にヒアリングを実施した。ブリストルは人口約四〇万人、金融業、ハイテク産業を中心とした商業都市である。美しい景観を持つ都市としても知られ、毎年約九〇〇万人の観光客が海外から訪れる。一三世紀から一八世紀後半まではイングランド有数の貿易都市として栄えたが、港湾の老朽化とともに造船業や重工業が衰退し、港周辺のハーバーサイド地区一帯は荒廃した。しかし、一九七〇年代から古い倉庫を利用した再生事業が進められている。一九八〇年には都市暴動が発生するなど、再生への道のりは険しいものであったが、現在では市民や観光客で賑わう美しい都市を取り戻している。

Bristol Partnershipは二〇〇一年に設置された。コミュニティ戦略の進捗状況を評価し、戦略的な方向性を議論する審議会は、パートナーと呼ばれる三〇の自治体、民間企業、市民・コミュニティ組織の代表者から構成された。まず地域の目指す将来像(Vision)と優先項目(Priority)、そして改善優先地区が決められる。その後予算配分が行われ、実際の計画実施のための組織(Delivery Groupおよび特定分野専門のパートナーシップ)が構成される。

ブリストルのコミュニティ戦略は、①公平性の確保、②サステイナブル・ディベロップメントの達成を二つの柱としている。公平性の確保とは、地区間の格差をなくすことであり、社会、経済、環境の観点から危機的な状況にある地区(衰退地区)を抽出し、他の地区との格差が生じないように改善することを意味する。

【3】住民を主体とした衰退地区改善への取り組み

衰退地区の改善は、中央政府の重要課題としても位置づけられている。イギリス副首相府注11は、イングランドとウェールズの地区ごとの衰退度を測る指標群として、全七要素(収入、雇用、健康、教育、住宅取得機会・サービス機会、住環境、犯罪)全三七からなる指標を設定し、インディケータ値に基づいたランク付けを行っている。ブリストルでは、二〇〇四年には一〇地区がイングランドにおいて最も衰退度が高い上位一〇%の地区に入っている。Bristol Partnershipでは、これらの地区をNeighbourhood Renewal Area(近隣再生地区)に指定している(二〇〇六年には一四地区を指定)。これらの地区は特に失業率が高く、教育水準が低いとの評価がなされている。

　図3-19は、濃い色の地区ほど衰退度が高いことを示している。図3-20は、近隣再生地区に指定された地区を表している。この図から、衰退地区は市の中心部だけでなく、郊外にも点在していることがわかる。これらの地区はかつて工場が立地し、それらが撤退した地区や、一九六〇年代の人口増加によって郊外化した地区である。工場立地、あるいは郊外化の過程で住宅は整備されたが産業が失われ、文化活動やレジャーの機会が減少した。機会の減少は地区の魅力を低下させた上、住民から交流の場を奪い、コミュニティ活動を減少させ、一層の衰退を招いた。これらの地区の人口構成（二〇〇一年）を見ると、生産年齢人口は日本とほぼ同じ平均約六五％である。また、老年人口割合は約一五％（日本は一七％）、年少人口は約二〇％（日本は一四％）である注12。年少人口

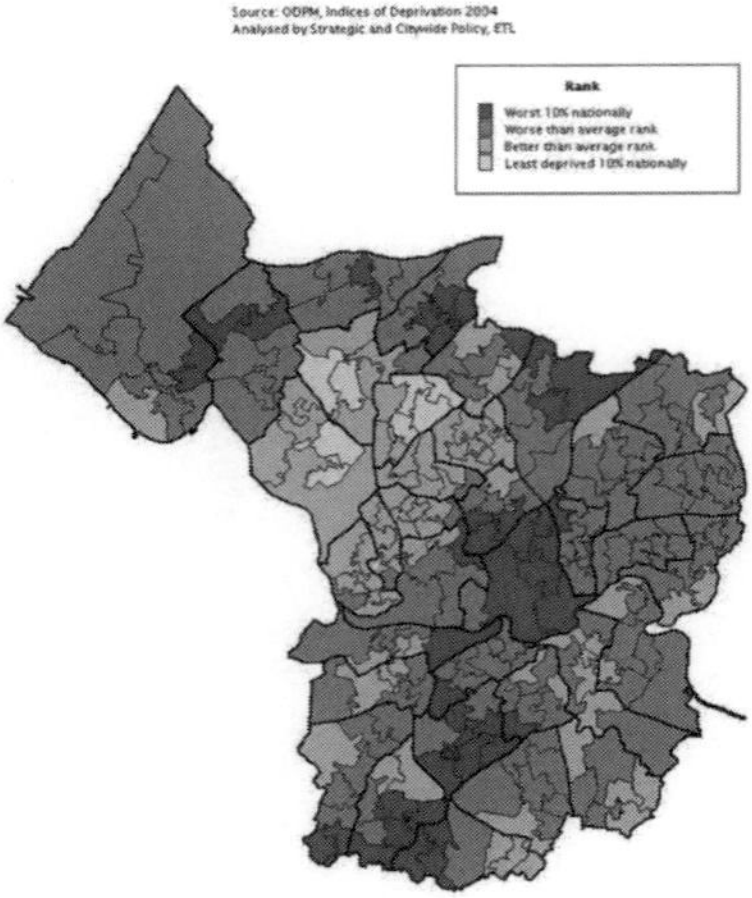

図3-19　Deprivation Indicatorによる衰退地区の抽出*37

図3-20　改善優先地区*37

写真3-11　地区祭りの様子[*45]

が老年人口よりも比率の高い地区であるにもかかわらず教育水準が低いことは、将来、地区を支える人的資本の質が保証されていないことを意味している。年少人口比率が低下傾向にある日本は、老年人口に対する数値の低さが懸念されているが、将来を担う人的資本への不安という点では共通の悩みを抱えている。

ブリストルは、イギリスで初めてＱｏＬＩｓ(Quality of Life Indicators)を導入した都市として知られている。ＱｏＬＩｓは生活の質の向上およびサステイナブル・ディベロップメントの達成度を測るための指標体系であり、客観的な指標群に加え住民の満足度等の主観的指標群からなる。近隣再生地区では衰退度インディケータに対応した七つの要素のfloor target（改善目標値）を設定し、その達成度を測っている。Bristol Partnershipではfloor target達成のための資金として中央政府が支給しているNeighbourhood Renewal Fund（近隣再生資金、以下ＮＲＦ）[注13]を近隣再生地区に配分している。近隣再生地区には、改善を担当する組織としてLocal Neighbourhood Renewal Steering Group（近隣再生地区推進グループ、ＬＮＳＧ）が設けられている。近隣再生地区推進グループは、地区の改善計画の作成と配分されたＮＲＦの管理・運営を行う。各地区の近隣再生地区推進グループのメンバーには地区の住民が含まれており、住民側の優先事項を主張し、予算配分の要請を行う。

衰退地区において住民がコミュニティの運営に直接参加することは大きな意味を持つ。それは住民のコミュニティへの帰属意識を生み、住民間、住民と行政・地元企業間の信頼や絆へとつながっていく。住民が生活空間を自らつくり、生活の質は自分たちで向上させなければならないということを認識すると、それが実際の地区の改善に結びつき、住民が地区運営に自らが貢献しているという実感を得ることが、この仕組みの最も重要な点である。

資金は市全体で一五〇〇万ポンド（五年間）、平均年一億円程度であり、インフラを整備する等の事業を行うには十分とはいえない。実際の使途は、市民・コミュニティ組織の活動費という場合が多い。衰退地区ではNRFを資本とし、各地区が独自にコミュニティ組織をつくり、住民が運営している事例が多く見られる。多額の資金を投じて公共事業を行うよりも、少額の資金を住民が地域活動のために自由に使うことができる方が、住民の帰属意識や信頼、絆を生み、円滑なコミュニティづくりにつながる。物的な社会資本ストックが既成されているイギリスにおいて、

写真3-12　St.Paul地区で発行しているニュースレター*45

写真3-13　ブリストルのQoL調査票

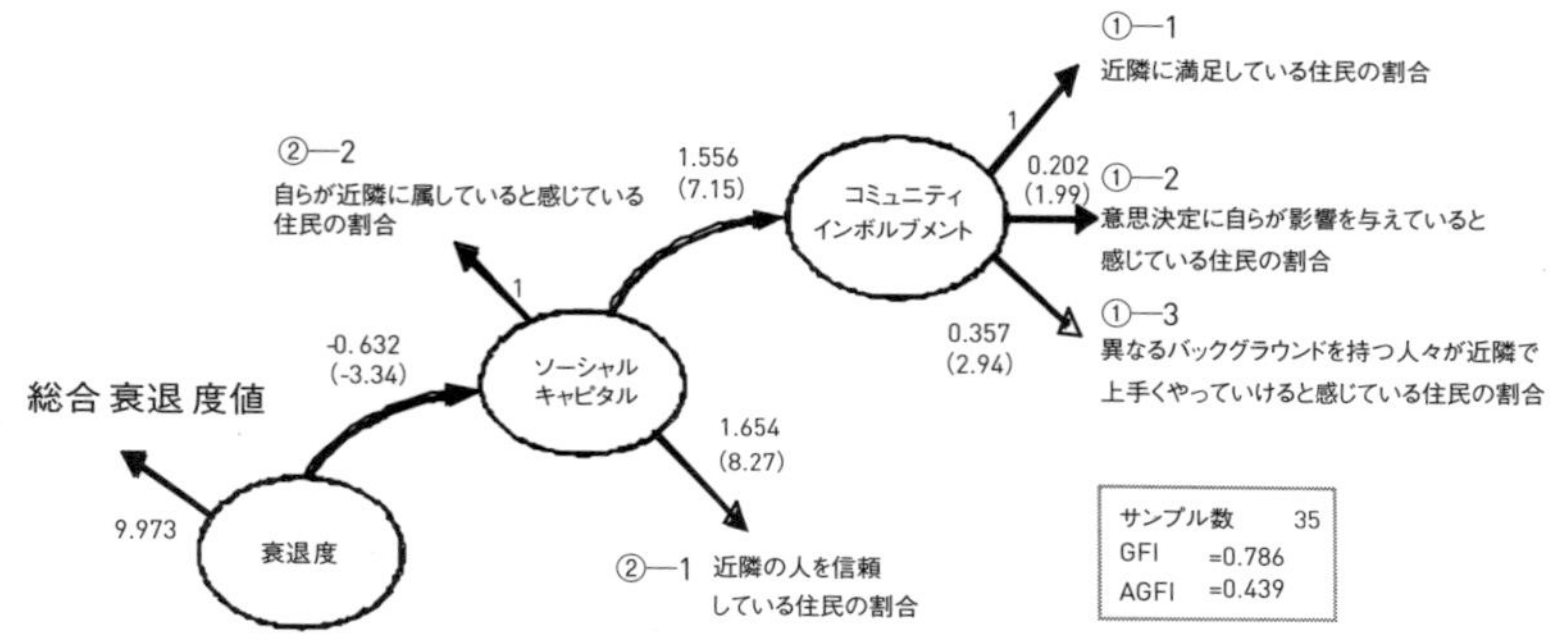

図3-21　衰退度、ソーシャル・キャピタルおよびコミュニティ・インボルブメントの関係

衰退地区に不足しているのは人的資本（住民）のつながりであるソーシャル・キャピタルである。ソーシャル・キャピタルを生むためには、住民が財政面でも主導権を持ち、コミュニティづくりを実質的に担う仕掛けをつくることが必要である。近隣再生地区では、住民主催のワークショップの開催や、コミュニティ組織によるニュースレターの配布等の取り組みが盛んに行われている。さらに、地区祭りの開催等、住民同士が触れ合う機会が積極的に設けられている（写真3−11〜13）。

【4】ソーシャル・キャピタルの形成から始まるコミュニティづくり

ソーシャル・キャピタルの形成が、住民のコミュニティづくりへの意識に及ぼす影響を明らかにするために、因果構造分析を行った。分析には先述の衰退度インディケータとブリストルで政策評価に用いられているＱｏＬＩｓを用いた。

因果構造分析においてはＱｏＬＩｓの中から、①コミュニティ参画の促進度を表す指標として、①−1近隣環境に満足している住民の割合、①−2地域の意思決定に自らが影響力を持っていると感じている住民の割合、①−3異なるバックグラウンドを持つ人々が上手くやっていけると感じている住民の割合、を選択した。また、②ソーシャルキャピタルの育成度を表す指標として、②−1地域への帰属意識を感じて

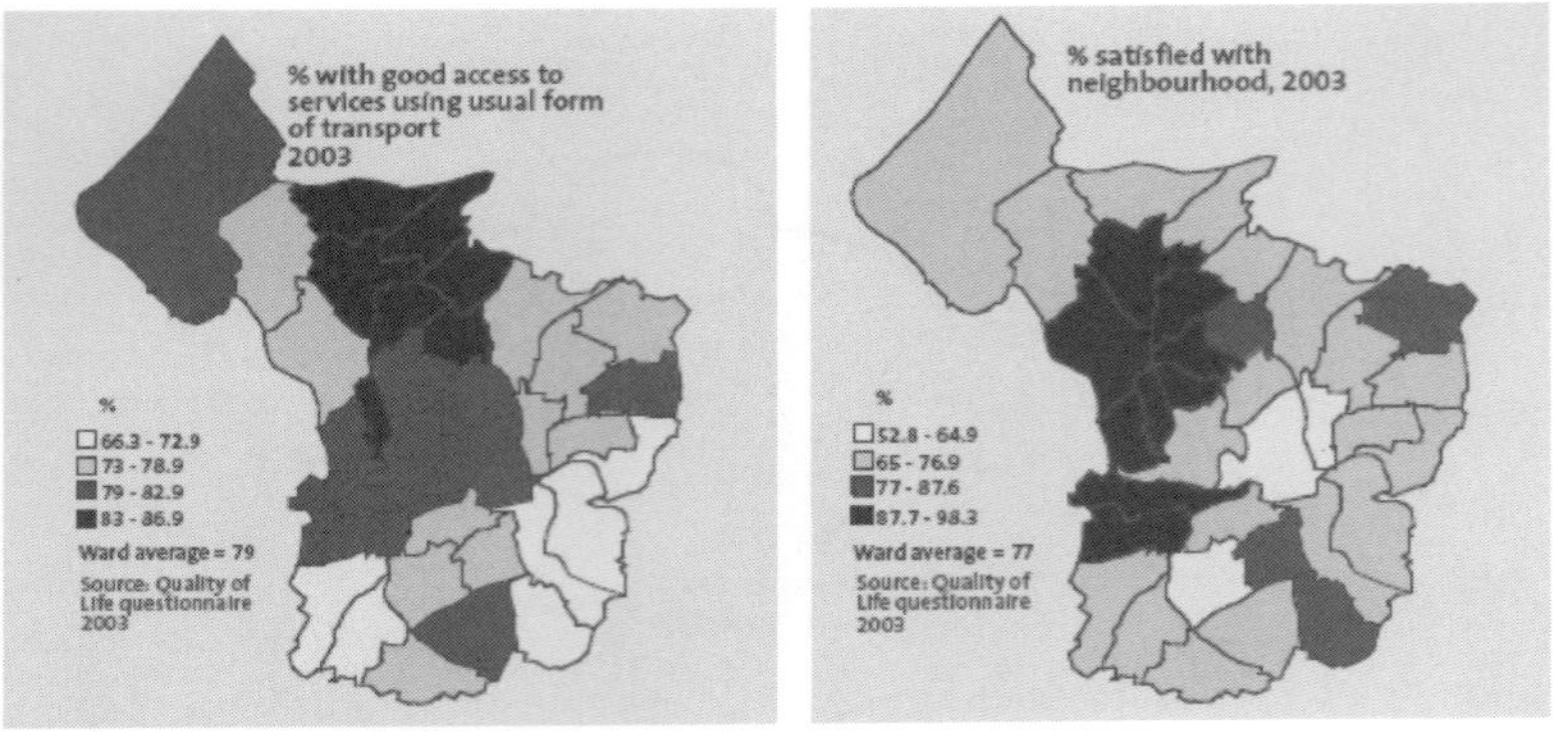

図3-22　QoLIsを用いた評価の一例*38
(a)通常の交通機関を利用して十分なサービス機会を得られる人の割合
(b)近隣に満足している人の割合

いる住民の割合、②－２近隣の人を信頼している住民の割合、を選択した。これらの指標と、中央政府の衰退度指標により算出されている総合衰退度値を用いて分析を行った。分析の結果を図３－21に示す。推定結果はすべて統計的に有意な値が得られた。衰退度が高いほどソーシャル・キャピタルは形成されにくいこと、ソーシャルキャピタルの形成がコミュニティ参画を促すことが読み取れる。この結果から、衰退地区において住民の帰属意識や地区貢献への実感を生む仕掛けをつくることが、ソーシャルキャピタルの形成に効果的に作用し、コミュニティづくりへの参加につながっていることがわかる。

　このように、地区の再生へのプロセスにおいて、住民がコミュニティづくりに参画し、自ら実感をもって最良の生活空間をつくっていくことが重要である。そのための仕組みがＬＳＰやＮＲＦである。

【5】地区の衰退を予防するためのＱｏＬ評価システム

「コミュニティ戦略」の根底には、生活空間の質の向上のためにはその主人公である住民の参画が不可欠であり、自分たちのコミュニティは自分たちでつくり、次の世代に残していくという思想がある。Bristol Partnershipが取り組んでいるサステイナブル・ディベロップメントとは、衰退地区の改善とともに、次世代に残すコミュニティづくりに他ならない。

ＮＰＭにより行政サービスの効率化を図ってきたイギリスは、行政側の視点からの効率化を測る指標としてベストバリューインディケータ（ＢＶＰＩｓ）注14を導入している。しかしそれだけでは、住民の満足度の把握や、生活の質の評価を行うには不十分である。ＱｏＬＩｓを用いることによって、住民の視点からのコミュニティづくりの評価が可能となった。ＱｏＬＩｓは、インフラの整備量等の定量的な指標と住民の主観的満足度を表す定性的な指標からなる。ブリストルでは経済、環境に加え、教育、健康、コミュニティの五つの分野に分類している。生活に深く関わる指標はコミュニティ分野に含まれている。例えば、ブラウンフィールド（産業跡地などの荒廃地）の面積は環境分野に含まれるが、サービスへのアクセシビリティや、生活空間に対する住民の主観的な満足度を表す指標はコミュニティ分野に含まれている。また、日常の運動量や食事の内容といった、ライフスタイルに関する指標も設定されている。住民の満足度やライフスタイルは、調査（ＱｏＬ調査、写真3–13）を毎年実施して把握する。全指標の集計結果は報告書にまとめられ、公開されている。報告書においては各指標の評価結果が地区別に地図上（図3–22）に示されており、他に比べて問題のある地区がひと目でわかるようになっている。また、各指標の値を過去の値と比較し、シグナル方式でその改善度を赤／怒顔（悪くなっている）、黄／無表情（変化なし）、緑／笑顔（改善している）のマークで表示する工夫もなされているため、改善度も容易に把握できる（写真3–14）。

写真3-14　シグナル方式を用いた評価結果の展示（撮影＝中西仁美）

Bristol City CouncilのMcMahon氏によると、毎年の地区ごとの傾向を捉えることで、各地区における問題の変化を察知することができ、これを政策にフィードバックすれば、悪化を防ぐことができる。ＱｏＬＩｓによる評価システムは、衰退地区をつくらない、あるいは増やさないための仕組みとしても、有効に機能している。また、この評価システムはどの地区で何を優先的にすべきかについての客観的な情報を提供するため、合意の時間の節約も期待できる。

ＮＲＦ導入以降、衰退地区における雇用や教育は大きく改善されている。犯罪に関しても大きな改善が見られた。社会的な問題の解決に取り組んだ後は、物的なストックを活用するために住宅の修繕への投資も増加させている。各地区が取り組むべき課題を明確にすることで、迅速かつ柔軟な対応が可能となっていることがわかる。

【6】まとめ

本節では、イギリスで導入されたコミュニティ戦略と戦略的パートナーシップ（Local Strategic Partnership：ＬＳＰ）が担うコミュニティづくりを、ソーシャル・キャピタルの形成という観点から考察した。さらに、衰退の防止につながる評価システムの活用について紹介した。ＬＳＰ導入によってもたらされた最も注目すべき変化は、住民が自らの生活空間を自分たちでつくるための仕組みが整えられたことである。Bristol Partnershipでは、これまで幾度となく目指されてきた形式的な住民参画ではなく、住民たちが財政面を含むコミュニティづくりの実質的な主導権を持つことで、本来の参画を実現させ、地区の改善を進めている。この効果が認められ、二〇〇七年からは、地域住民の参加をより重要視した新しい仕組み、Local Area Agreement（ＬＡＡ）を導入することとなった。ＬＡＡでは資金の種類を増やし、さらに幅広く柔軟な運用を目指す。地域住民の参加に関しては、“Civil renewal”という新たな概念が謳われている。これは自治体とのパートナーシップにより強いコミュニティをつくり、市民社会を再生することを意味する。市民の積極的な社会参画と健全なコミュニティ、コミュニティのニーズに応えるパートナーシップづくり、この実際のプロセスを市民が担うというものである。

イギリスでは、二一世紀に入ってから市民が実質的にコミュニティをつくる仕組みが整えられた。しかし、衰退地区の再生やサステイナブルなコミュニティづくりには長い時間を要するのも事実である。写真3-15〜18は、かつて衰退していたハーバーサイド地区の現在の様子である。約三〇年をかけてかつての衰退状態から改善を遂げたハーバーサイド地区にはオープンカフェが立ち並び、週末になると多くの市民で賑わう。水際には子供たちが集まり、ゆったりとした遊歩道では老夫婦や家族連れが散策を楽しむ姿が見られる。もちろん、この再生はＬＳＰだけで可能になったものではなく、サッチャー改革の効果にもよると思われる。九〇年代以降の順調な経済回復と成長があることも重要な背景である。

写真3-15　再生された倉庫（撮影＝中西仁美）

写真3-16　ハーバーサイド地区の遊歩道（撮影＝中西仁美）

写真3-17　ハーバーサイド近くの公園（撮影＝中西仁美）

写真3-18　整然とした住宅地（撮影＝中西仁美）

　ハーバーサイド地区は中心市街地に近いため、この地区のみを再生するだけでは郊外が衰退する可能性も有していた。ブリストルにおける衰退地区での取り組みは、工場の立地や人口増加によって拡散した郊外の地区において、既存の建物や物的インフラストックと人という社会インフラ（ポテンシャル）を最大限活用したコミュニティづくりなのである。長い時間を要する地域の再生やコミュニティづくりにおいて、一番の支えとなるのは、住民が地域に愛着を持ち、自分がコミュニティづくりを担っていると感じること、そして協働の取り組みを通してお互いに信頼し、力を合わせることである。ここで生まれるソーシャル・キャピタルが、社会インフラとして地区の持続可能性の土台となる。物的なインフラが整備されていても、持続可能なコミュニティは住民同士の絆がなければ実現できない。その絆が容易に壊されやすい衰退地区においては、まずこの社会インフラを構築することが、コミュニティづくりへの第一歩であったのである。

　日本における今後の地域づくりを考えるとき、ポテンシャルのあるなしにかかわらず再生を謳うのではなく、再生に最低限必要な物的ストックがどれ程あるか、ソーシャル・キャピタルを育てうるか否かを適切な指標を用いて判断すべきであろう。財政が逼迫した状況において、ポテンシャルのない地区に資本を投資することは非効率である。特に、国土の特徴から自然災害への脆弱性の高い地区が多い日本において、その判断は不可欠であろう。その上で、生活の質の向上のためには何をすべきかを住民が判断する。イギリスで実践されているこのプロセスとそれを支える仕組みが、日本の今後の地域づくりにおいても参考となろう。

補注

注1――本節は、二〇〇六年三月、ミュンヘン市都市計画局CEOのMr.Schmidtおよびその際受領した資料、ミュンヘン近郊Gemeinde Haar の Mr.Dworzak市長に対するインタビューを参考に作成した。

注2――原文は"Our policies, programmes and structures of governance are based on engaging local people in partnerships for change with strong local leadership".

注3――鈴木隆、「ピエール・ル・ミュエ『万人のための建築技法』注解」、p.4.

注4――一八三八年五月一七日の家屋の売却証書(Grandidier)。

注5――一八三六年二月一五、一六日の家屋の売却証書(Louvancour)。

注6――Pawlowski,Ch., Tony Garnier, 1967.

注7――Rumler, E., Le Concours Rothschild, La Construction Moderne, 1905.

注8――Le Corbusier, La Charte d'Athène, 1971.

注9――原文は"Our policies, programmes and structures of governance are based on engaging local people in partnerships for change with strong local leadership".

注10――一九九四年に導入されたSingle Regeneration Budget（SRB）は五省庁の二〇の地域再生予算を一本化したものである。シティチャレンジ補助金もこのSRBに統合された。SRBの目的は「各地域のニーズに応え、豊かさと競争力を強化することで地域を改善し、住民の生活の質を向上させること、地域のパートナーが協力してニーズや優先事項に対する戦略的なプランを作成することを促進する」であった。各地域のニーズとは社会面（教育、犯罪など）の改善を意味する。SRBでは、支給対象地域の制限も廃止され、支給される地域の幅が広がった。

注11――二〇〇六年五月よりCommunities and Local Governmentに変更。

注12――Bristol City Council: 2005 Ward Profile 国立社会保障・人口問題研究所「日本の将来推計人口(平成一四年一月推計)」(中位推計)を参照。

注13――二〇〇一年に導入されたA New Commitment to Neighbourhood Renewal: National Strategy Action Planの中核となる政策。イングラン

ドにおいて経済的・社会的に最も衰退していると判断された八八の地方自治体に対し、集中的な財政支援を行うことを通じて貧困の改善や犯罪の減少を目指すとともに医療、教育分野等における公平性を図ろうとする取り組みである。

注14——一九九九年地方自治法に基づき、ベストバリュー制度によって自治体にコストとクオリティの両面から適切な行政サービスを行うことが義務付けられた。BVPIsは効率性とクオリティの両面から自治体のパフォーマンスを評価する指標として二〇〇〇年に導入された。

参考資料

＊1　脇坂紀行『大欧州の時代』、岩波新書、二〇〇六

＊2　Planning in Germany:International Society of City and Regional Planners 35th Congress,The Future of Industrial Regions-Regional strategies and local action towards sustainability.

＊3　Calthorpe, P.: The Next American Metropolis: Ecology, Community, and the American Dream. New York, New York: Princeton Architectural Press, 1993.

＊4　Cervero, R. and Kockelman, K.M.: Travel demand and the three Ds: density, diversity and design, Transportation Research Part D: Transport and Environment, Vol. 2, pp. 199-219, 1997.

＊5　Belzer, D. and Autler G.: Transit oriented development; Moving from rhetoric to reality, A Discussion Paper Prepared for the Brookings Institution on Urban and Metropolitan Policy and the GAS Foundation, 2002.

＊6　Holtzclaw, J., Clear, R., Dittmar, H., Goldstein, D. and Haas, P. : Location efficiency: Neighborhood and socioeconomic characteristics determine auto ownership and use - Studies in Chicago, Los Angeles and San Francisco. Transportation Planning and Technology, Vol. 25, pp. 1-27.2002.

＊7　The Center for Neighborhood Technology: Capturing the hidden assets of cities, 1999-2000(http://www.cnt.org/)

＊8　永井敏彦「米国住宅金融証券化の概要-リスク負担の分散と管理」、『農林金融』、二〇〇三、pp.44-57, 2003.

＊9　The Center for Neighborhood Technology: 2004 Legislative Priorities, Spring Legislative Issues Forum II, 2004.

＊10　http://www.leg.wa.gov/wsladm/billinfo1/bills.cfm

＊11　Statement of the ASCE on "Reauthorization of Federal Highway and Transit Programs: What are the needs, how to meet those needs", before the Highways, Transit and Pipelines, Subcommittee, Transportation and Infrastructure Committee, US House of Representative 2003 Mar.

＊12　http://www.locationefficiency.com/

＊13　Krizek, K.J.: Operationalizing neighborhood accessibility for land use-travel behavior research and regional modeling, Journal of Planning Education and Research, Vol.22, pp.270-287, 2003.

＊14　Graglia, M., Leontidou, L., Nuvolati, G. and Schweikart, J. : Towards the development of quality of life indicators in the 'digital' city, Environmental and Planning B: Planning and Design, Vol.31, pp.51-64, 2004.

＊15　中西仁美、土井健司、柴田久、杉山郁夫、寺部慎太郎「イギリスの政策評価におけるＱｏＬインディケータの役割とわが国への示唆」、『土木学会論文集』No. 793, IV-68,pp.73-83, 2005.

＊16　Kenyon, S., Lyons, G. and Rafferty, J. :Transport and social exclusion investigating the possibility of promoting inclusion through virtual mobility, Journal of Transport Geography , Vol.10, pp.207-219, 2002.

＊17　林良嗣、土井健司、杉山郁夫「生活質の定量化に基づく社会資本整備の評価に関する研究」、『土木学会論文集』No.751 /IV-62, pp.55-70, 2004.

＊18　Aulnay-sous-Bois Programme de rénovation urbaine 2005-2011.

＊19　Convention partenariale pour la mise en oevre du programme de rénovation urbaine des quartiers Nord d'Aulnay-sous-Bois.

＊20　鈴木隆『パリの中庭型家屋と都市空間』、中央公論美術出版、二〇〇五

＊21　鈴木隆『ピエール・ル・ミュエ「万人のための建築技法」注解』、中央公論美術出版、二〇〇三

＊22　Zaitzevsky, Cynthia, Frederick Law Olmsted and the Boston Park System, The Belknap Press of Harvard University, 1982.

＊23　石川幹子『都市と緑地』、岩波書店、二〇〇一

＊24　Department of Conservation and Recreation, Annual Report Fiscal Year, State of Massachusetts, 2004, 2005, 2006.

＊25　Alex Krieger and David Cobb (2001), Smith, Plan of Boston Comprising a Part of Charlestown and Cambridge, Mapping Boston , MIT Press, p.123.

＊26　Zaitzevsky, Cynthia (1982), Frederick Law Olmsted and the Boston Park System, Cambridge, Mass., Harvard University Press, p.5.

＊27　Eliot, Charles W. (1902), Map of the Metropolitan District of Boston, Massachusetts, Charles Eliot, Landscape Architect, Boston : Houghton Mifflin, 添付図

＊28　Eliot, Charles W. (1902), Charles Eliot, Landscape Architect, Boston : Houghton Mifflin, pp738-739の図面の緑地部分を、黒く塗りつぶし、著者作成。

＊29　中西仁美、土井健司「第３世代のパートナーシップＬＳＰによる地域運営と中心市街地再生」、『土木計画学研究・講演集』Vol.33, 2006.

＊30　中西仁美、土井健司、柴田久、杉山郁夫、寺部慎太郎「イギリスの政策評価におけるＱｏＬインディケータの役割とわが国への示唆」、『土木学会論文集』No.793/ IV-68, pp.73-83, 2005.

＊31　Quality of Life, Social Capital and Community Asset Management :Doi, K., Nakanishi, H., Morishita, K., Sugiyama, I., The 2nd workshop on Social Capital and Development Trends in Japan's and Sweden's Countryside Proceedings, pp. 205-225, 2006.

＊32　中島恵理『英国の持続可能な地域づくり パートナーシップとローカリゼーション』、学芸出版社、二〇〇五

＊33　宮川公男、大守隆『ソーシャルキャピタル 現代経済社会のガバナンスの基礎』、東洋経済新報社、二〇〇四

*34 ODPM, UK Government: Local Area Agreements Guidance for Round3 and Refresh of Rounds 1 and 2, 2006.
*35 The Bristol Partnership: Bristol's Community Strategy 2006 Towards a Local Area Agreement, 2005.
*36 The Bristol Partnership: Local Area Agreements Briefing paper, 2005.
*37 ODPM, Indices of Deprivation 2004,Indicators of the Quality of Life in Bristol 2005, ReportBristo
*38 Bristol City Council: Indicators of the Quality of Life in Bristol 2004 Report. 2005.
*39 Bristol City Council: Deprivation in Bristol 2004, 2004.
*40 DETR, UK Government: Local Strategic Partnerships Government Guidance, 2001.
*41 http://www.bristol-city.gov.uk/ccm/portal/
*42 http://www.bristolforward.net/
*43 http://www.ndcbristol.co.uk/
*44 http://www.hwcp.org.uk/
*45 http://www.stpaulsunlimited.org.uk/

第4章

クオリティ・ストック化のビジョンと戦略

4-1 国土・都市空間戦略の果たすべき今日的役割と方向性

人口減少により発生すると考えられる都市内の隙間に
「水と緑のネットワーク」等のコモンズを形成することの重要性を述べる。
社会が成熟段階に入ったために、「センス・オブ・プレイス」といった
より高次の欲求が追求されるようになる可能性を踏まえた上で、
将来世代の価値観を反映した都市形成のための計画が必要であることを述べる。

4-2 土地利用集約型の交通ネットワーク／コリドー

公共交通を中心としたコリドー型土地利用の重要性を述べ、
日本の具体例として富山ライトレールと宇都宮市のLRT導入計画を紹介する。
海外の事例からは、乗り入れ規制等自動車抑制策を併せて実施する必要があることが示される。
さらに、「コリドー・配置・かたち」を明確化し空間ビジョンを共有化することの重要性を述べる。

4-3 流域圏プランニングを基盤とした水と緑のコリドーの形成

都市を支える水環境の持続的維持のために、流域圏プランニングを基盤とし、
緑地整備を河川に沿った緑のコリドーとする原則を導入することで、
土地利用の集約化とストック化を促す戦略を提案し、実践してきた。
東京と岐阜県各務原市での実例を取り上げ説明する。

第3章で紹介した欧米の様々な事例は、限られた土地や資金を合理的かつ有効に活用することを前提に、市民の合意形成と積極的な参画インセンティブを保証しつつ、利便性が高く良質でコンパクトな、水と緑にあふれ、地球環境にも配慮した都市域を形成するためのヒントを多数提供してくれた。しかし、これらを日本においていきなり導入することはむろん不可能である。

そこで本章では、二一世紀の日本の都市における都市計画の方向性について、欧米における状況も参照しつつ、新たなコンセプトを示す。その上で、第5章では、その具体的な実現のための政策手法について提案を行うものである。

4-1 国土・都市空間戦略の果たすべき今日的役割と方向性

【1】埋めるデザインから空けるデザインへ

人口減少下の都市計画は、建築自由の時代から決別し、高いＱｏＬが長期間確保できるように地区の人口密度を高め、ＱｏＬの向上が期待できない地区からは徐々に撤退するという戦略が求められる。このために、従来と一八〇度異なる戦略、すなわち計画的に市街地を生み出すのではなく、計画的に空間(農地または林地)を生み出しリザーブする仕組みが必要である。

実現の第一歩は、既存の都市施設をストックに値するものとそうでないものに峻別することである。フローよりもストック価値を認める時代が到来した現在、質の高い空間と時間を提供できる市街地をコンパクトに残すことが必要である。減少する人口に対応して、維持できる都市施設を予算上制約することも重要であるが、さらには、資源・エネルギーを大量に消費する豊かさではなく、ストックから得られる空間と時間を、世代を超えて共有するシステムの構築が必要である。

水と緑のネットワークに代表される連続した空間は希少であり、その価値は時間とともに増す性質を持っている。この意味でも計画的に農地や林地を生み出すデザイン思想が重要となる。郊外から都心へと連続する水と緑のネットワーク空間は、都心が郊外に連なることを人々が常に意識する上で重要な役割を果たす。水と緑のネットワークにより、動植物が郊外から都心へ移動するだけでなく、そこに公共交通・ライフラインを設置することによって市民・エネルギー・廃棄物の移動も可能となり、都心の快適性と安全安心性の向上にもつながる。コンパクトでグリーンなＱｏＬの高い市街地に、先進的な意識を持つ様々な人々が居住し、そのような市民の新しい価値観が新しいライフスタイルと産業ニーズを生み出し、それが企業の産業競争力となる。これが第３章で述べたミュンヘン市のいうUrbanitätの本質であり、健全なエコロジーが支える地域競争力なのである。

【2】地域づくりへ貢献する都市計画の可能性

これまで日本の地域計画や都市計画は、効率的な土地利用とそれらを結ぶ交通ネットワークの実現を目標としていた。この理由は、合理的な土地利用計画や十分なインフラ整備が産業を誘致し、産業誘致が雇用や人口の増加を生み出し、結果的に地域経済が豊かになると信じていたからである。

しかしながら、先進国の産業構造は変化した。従来型の道路、鉄道、港湾などの交通インフラを整備しても工場は立地しないし、情報やバイオなどの先端産業も安価な地価と充実した交通インフラのみで集積するわけではない。序章で述べたように社会は知識集約社会に移行し、それを支えるインフラを希求している。人々は、単に所得を求めるのではなく、高いＱｏＬを求めているからである。一方、経済成長時代に郊外に薄く広がった、都市でも田園でもない魅力に乏しい地域は、グローバル化にも対応できる場所ではない。

好むと好まざるとにかかわらず進行する個人や企業のグローバル化と、それに反するように生まれ来る社会のリージョナリズム、この二つを統合し具体的な姿にするためのビジョンが必要である。ミュンヘン市はそれを、コンパクト・アーバン・グリーンという簡潔でわかりやすい言葉として発信している。都市計画がツールである以上、だれもが共感できる地域の魅力や人材を活用するためのビジョンが必要であり、ビジョンの下に目的を共有する優秀な人材が集まる。都市圏が何を目指すのかを宣言し、提供する空間を支える制度および財源というプラットフォームの存在を外部に発信し認知させる力、すなわちプレース・マーケティング能力と都市計画の一体化こそが地域づくりのキーワードといえよう。

【3】将来の価値観変化を見越した都市・国土ビジョン

不確実な将来への対応においては、全体像の把握に基づく「ビジョニング」が重要な役割を果たす。ビジョニングとは、地域やコミュニティの望ましい将来像やアウトカムに関するビジョンを俯瞰図(big picture)として可視化し、共有化する作業である。この作業の中では、幅広い利害関係者の参加、政策形成のための統合アプローチなどが求められる。今後の人口減少時代において、地域の活力を維持しながら、安全で自然と共生しうる社会の創出のために、価値観の転換を促し、新たな価値の下で合意形成を図るプロセスとしてのビジョニングを含む社会設計と、広がりすぎた空間利用をコンパクトな姿に戻し、心の通いあう有機的な地域コミュニティを獲得して、国土を適切に利用しうる空間設計思想が必要となる。

人口増大期には、需要の超過・供給の不足が常態化し、その解消という明確な目標設定がなされ、合意は比較的容易に形成された。しかし、人口減少期には必然的に需要が低下し、目標設定そのものが困難になるばかりか、縮小・撤退が必要な場合には選択に痛みを伴う場合もある。合意の形成に相当な困難が予想される。

市民の価値観の変化をＱｏＬの五つの要素に基づき分析すると、①安全安心性、②経済雇用機会、③生活文化機会、④快適性、⑤環境持続性へと段階的にシフトすることが示される。都市の質的向上のためには、こうした価値観の段階性を踏まえた上での、長期的な空間整序の仕組みが求められる。

フロー重視の社会においては、自然資源の消費を伴う経済活動機会の追求によって生活の質の向上が達成されるため、自然の利用が国是として妥当性を有する。しかし、ストック重視の社会においては、それまでの経済活動機会に代わって「生活文化機会」や「快適性」という新たな欲求が追求されるようになる。ここでいう「快適性」とは空間および時間の消費に関わる快適さを指し、前者すなわち空間快適性は景観を含むものである。こうした欲求の変化は経済中心主義から人間中心主義への価値観変化を意味する。さらに、自然の利用度が高まれば、図４−１において

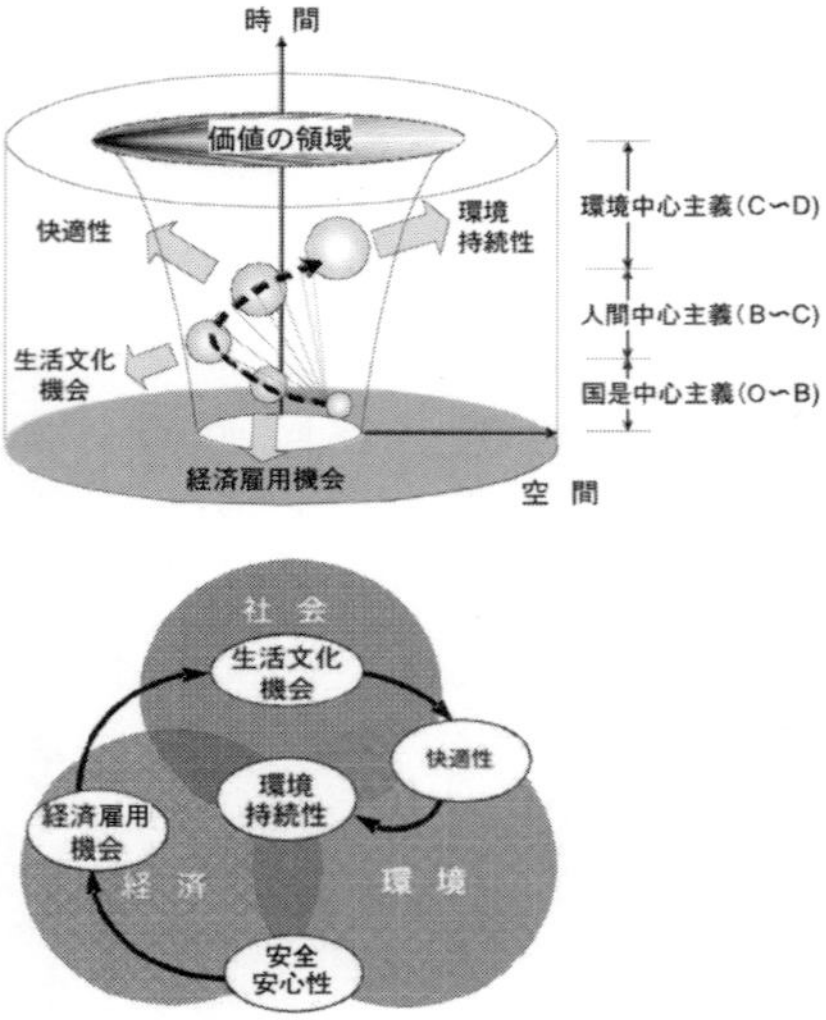

図4-1　価値観変化のプロセス

は「環境持続性」の追求という環境中心主義の領域へと価値観が変化すると考えられる。

ここでは、我々の存在基盤としての自然の賦存量が価値観変化の方向を決定する。しかし、このような価値観変化と国土利用の実態との間には、常にタイムラグが見られる。従来、価値観変化はセンス・オブ・プレイスとともに生じてきたが、情報化によって実体験を伴わず変化する傾向が顕著になってきたため、価値観の変化速度は空間のそれに比してはるかに大きくなっている。

したがって、国土の長期的な質の向上のためには、このタイムラグの拡大傾向を念頭に置いた上で、到達点を見通した先行的なビジョンづくりが必須である。その際、多様な市民が共有できる象徴的なセンス・オブ・プレイスを、わかりやすい空間ビジョンとして示す仕組みやプロセスが求められる。イギリスのカントリーサイドにおいては、かつてワーズワースらロマン派の風景描写がこうした役割を先導した。今日では図4-1に示す価値観変化を織り込んだ、明確な空間ビジョンの提示が望まれる。二〇〇五年に制定された景観法の展開においても、景観計画の策定が、各種規制措置の明確化のみに終わらず、センス・オブ・プレイスを考慮した地域あるいは場所の「らしさ」を反映した景観形成の将来ビジョンを示すことに寄与しなければならない。

図4-2はドイツ・ミュンヘン都市圏の地域計画であり、ここにはセンス・オブ・プレイス概念に直結した計画コンセプト「コンパクト・アーバン・グリーン」が、わかりやすい空間ビジョンとして描かれている*2。ここでいうコンパクトとは、図4-3のセンス・オブ・プレイスの概念構成のうちの空間的枠組に対応する。アーバンは表象的価値や文化を育む都市的多様性に、そしてグリーンはアイデンティティや生活基盤の安定性に対応しているのである。こうしたセンス・オブ・プレイス概念に直結した計画コンセプトこそが、実態とのタイムラグを念頭に置いた先行的なビジョンづくりを可能としている。

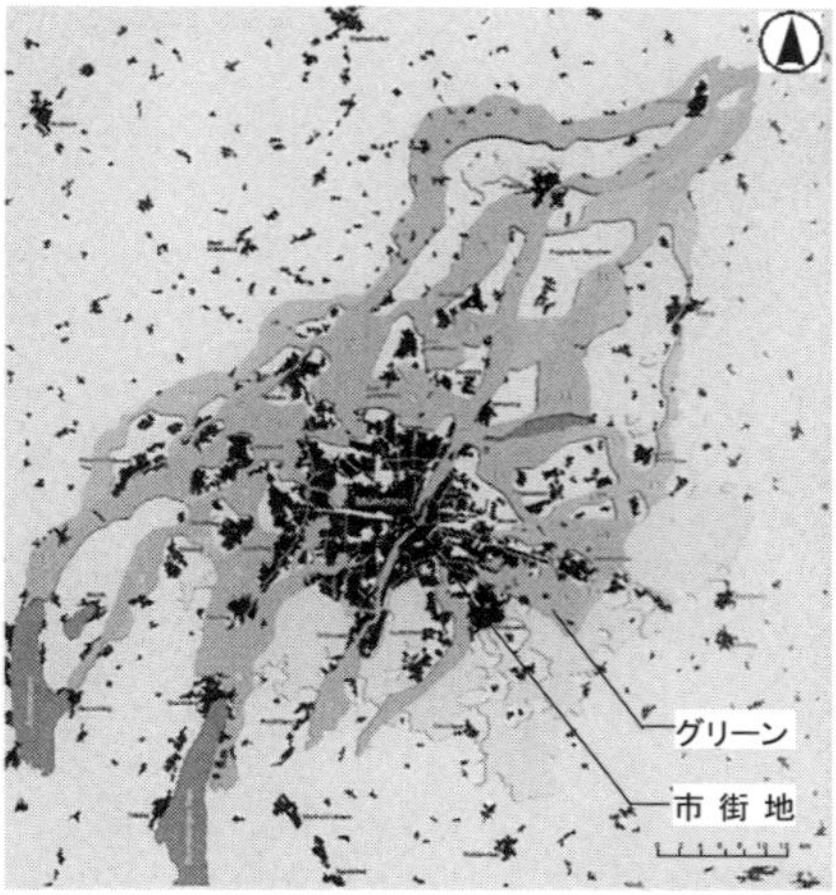

図4-2　コンパクト・アーバン・グリーンの計画コンセプトに基づくビジョン(ドイツ・ミュンヘン都市圏)

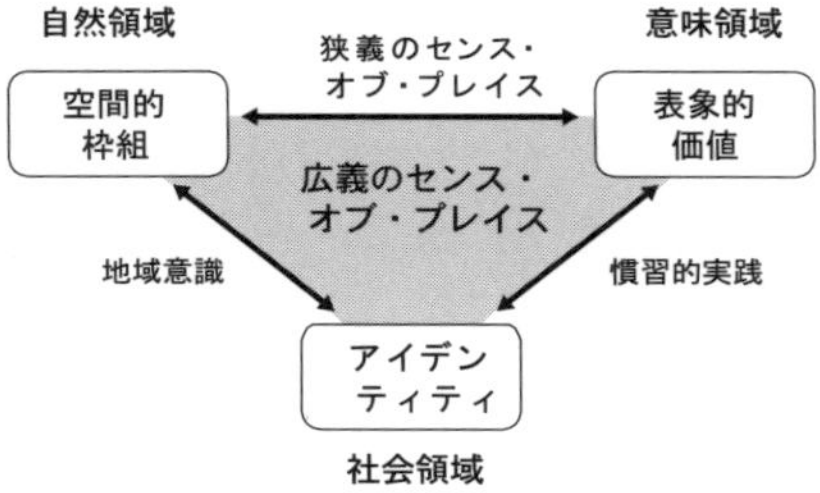

図4-3　センス・オブ・プレイスの概念

【4】「私の中にある公」としての国土観の再生

「私の中にある公」の構図は、社会の共益・公益と、ムラ社会への貢献として当然のものとして行われてきた公共への貢献、すなわち私の利他的動機を整合しうる仕組み、ソーシャル・キャピタルとして古くから根付いてきたものである。空間の秩序が乱されても、無形の資産である「私の中にある公」は、その成熟度に違いこそあれ、日本の風土にしっかりと残されている。

国づくりが生活空間レベルの場所づくりから地域づくりへの段階を含む以上、国土観の再生は「私の中にある公」の価値観を欠いては困難であろう。言い換えれば、国土の姿がそこに住まう人々の生活空間を映し出すものであるとの認識の下に、コミュニティレベルでのソーシャル・キャピタルおよびセンス・オブ・プレイスの強化に立ち返る必要がある。

カントリーサイドの風景が美しい国土を象徴するものとして取り上げられ、現代の人々の郷愁の念や言い表せない安堵感を誘うのは、その風景としての美しさだけでなく、そこで営まれる自然・環境を尊重した生活、故郷のアイデンティティをも思い起こさせるからである。こうした郷愁の念を、高次にシフトした価値観とセンス・オブ・プレイスの同調への欲求が姿を変えて現れたものと捉えることはそれほど過大な解釈ではないであろう。国土空間の質がＱｏＬの投影であることを再認識するとともに、自然のネットワーク化によって生み出されるセンス・オブ・プレイスを基盤とする国土ビジョンを示し、共感する市民のソーシャル・キャピタルを構築することが、人間～自然交流圏の質的向上への第一歩と位置づけられる。

現代におけるソーシャル・キャピタルの意義は、市民社会のあらゆる境界の溶融をもたらしたポストモダンの特質に関連している。すなわち、かつて主体形成の基盤であった家族、地域、その他社会的諸集団、階級などの関係性が失われることによって、個人は自ら自己を再定義し、主体を形成することが必要とされるのである。自己の再定義のためには、自身の空間的・社会的配置を捉え直すことが求められる。

これに関連して、エコ・クリティシズム等の動きから読み取れる近年の新たな倫理思想の特徴は、土地あるいは場所を中心としたネットワークの再構築である。そこでは意味の関係性を超え、実体的な関係性の回復が志向される。プランニングの分野でしばしば用いられるプレイス・メイキングという言葉は、それを象徴するものといえる。ウィリアムス&ステュアートは、個人や集団と場所との関係を感情および意味・信念・価値の総体的な結びつきと捉え、場所に関する経験と知識によってセンス・オブ・プレイスが強化されうることを主張している。また、場所に根ざした教育によって地域のセンス・オブ・コミュニティが高まり、自然や歴史文化に関するローカルな知識の共有によって、市民はセンス・オブ・プレイスを高めるための投資や共同活動すなわちプレイス・メイキングの重要性を認識すると論じている*3。カリー&マクガイヤーは場所に秘められた固有の知識を"science in place"と呼び、その理解が創造性や場所への責任感を高める働きがあることを指摘している注14。

図4-4は、都市森林というコミュニティ資産の管理に関わるベサニー・ハナの概念図を基に、センス・オブ・プレイスとソーシャル・キャピタルとの相乗作用を描いたものである。まず、場所の体験による自然との交感および知識の獲得は、個人と場所とのつながりを強めセンス・オブ・プレイスを向上させる。このとき、場所自体のアイデンティティの明確化は、同時に、場所につながる自己の明確化すなわち主体形成を促す。我々は履歴をもつ場所に生きることで我々自身の

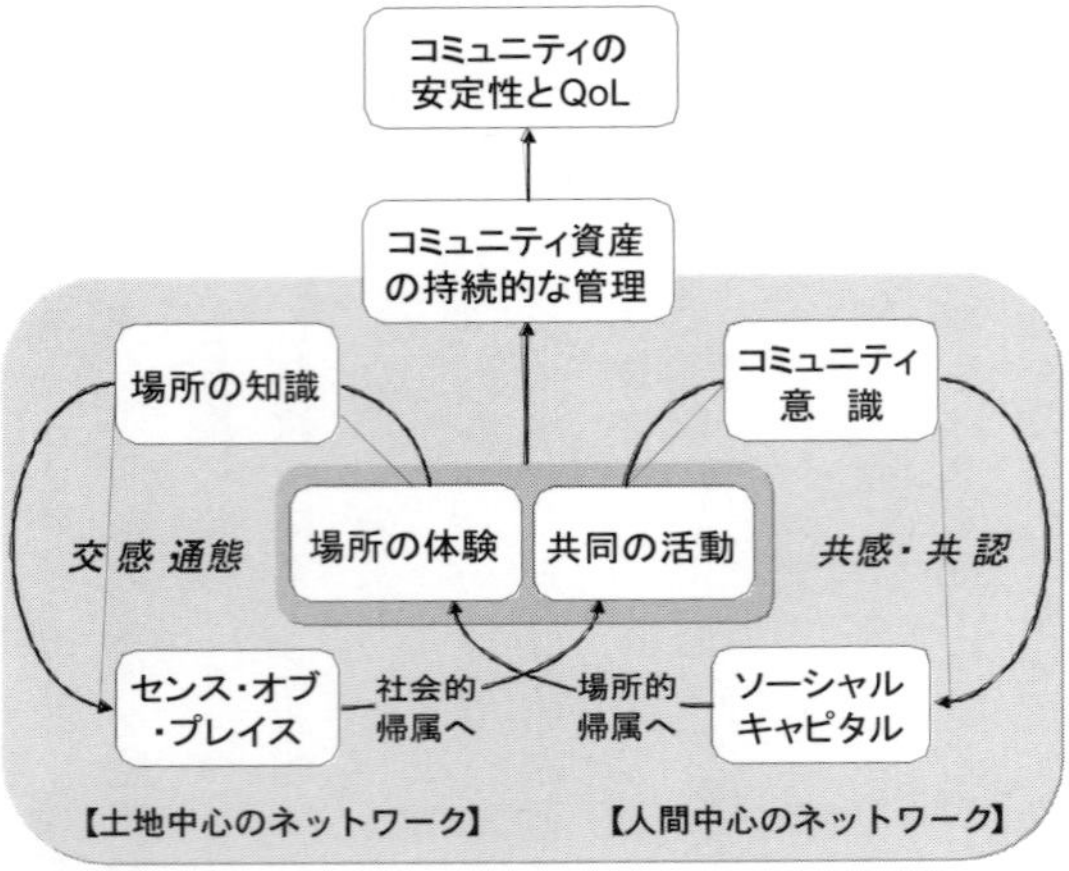

図4-4　センス・オブ・プレイスとソーシャル・キャピタルの相乗関係の概念

履歴を積むのであり、場所のアイデンティティの確立が人間のアイデンティティの前提条件となる。また、場所への愛着は、身近な自然資産の管理などの共同活動への参加を促すと考えられる。我々がこうした履歴を積むことによって、我々の生きた場所にもまた新しい履歴が刻まれる。

一方、市民の共同活動は、コミュニティ意識の高まりを伴い、地域の共通目標の実現に向けたソーシャル・キャピタルの強化を促す。このような、共同活動という実践に根ざした社会的アイデンティティの獲得は、やがて主体的な地域づくりすなわちプレイス・メイキングへと向かうと考えられる。以上の相乗的なメカニズムすなわちセンス・オブ・プレイスの向上とソーシャル・キャピタルの強化との好循環サイクルの上に、身近な自然資産（コミュニティ資産）の持続的な管理が実現され、コミュニティの安定性および市民生活の質の確保が期待される（図4-4）。

【5】次世代のＱｏＬニーズを支える都市形成

日本の各都市においては、今後、少子高齢化や地球環境問題などに対応しつつ財政的自立が求められる。さらにその先のポスト高齢化時代の到来に対応した、都市インフラの整備・維持管理計画までも視野に入れておく必要がある。この時には、①税収の減少に引き続く安定状態、②インフラ利用者の減少後の安定状態、③施設の老朽化による選択と集中の必要性、という状態が予想される。選択すべき政策として、現段階では郊外からの撤退と中心市街地の人口増加を同時に考える、公共交通の結節点にコンパクトな市街地を形成する、中心市街地に新設する住宅への補助、などの方法が提案されている。しかしながらこれらは当面の高齢化のみを想定している場合がほとんどである。ポスト高齢化時代の到来を予期し、都市インフラ再生による都市再生の先導的役割の視点は欠落している。

次世代型インフラとは、ポスト高齢化時代における各世代のライフスタイルから生まれるニーズを見越したインフラを意味する。例えば、都心に高齢者や若者が単身世帯を形成する場合には、高齢者には十分な医療と介護、高齢者と若者にはコミュニケーションを図る仕掛けが必要である。それはアートなどの趣味を発表する場であり、もしくは料理やダンスなどを通じて緑豊かな空間でコミュニケーションを楽しむ装置である。

都心部においては、余命の長い次世代インフラの整備が求められる。このインフラにはグリーンインフラや公共空間～私的空間にまたがる景観機能を高めるためのセミパブリック・インフラ、ICTが含まれる。また、都心においては、高齢者への十分な医療と介護機会の供給、高齢者と若者者間のコミュニケーション機会を促す仕組み、言い換えればソーシャル・キャピタルの支援装置が必要であることは言うまでもない。こうした装置づくりにより、中心市街地～郊外にわたる世代循環が円滑に進むことが期待される。

新たな都市構造ビジョンの実現に向けた取り組みがなされない場合、現在郊外に居住する世帯の多くは、郊外部での土地供給の増加に起因した地価(資産価値)の低下を背景に、今後中心市街地などへ住み替えることが極めて困難となろう。郊外の拡散市街地においては、長期的には行政サービス水準の低下も余儀なくされ、住民の手に残るものは資産価値の低下した家だけである。

【6】日本が目指すべき都市コンパクト化のコンセプト

今後の急速な人口減少を念頭に置けば、社会資本の量的拡大という考え方を改め、広がりすぎた都市をコンパクトに戻すことが不可欠である。既存の社会資本を有効に使いつつ自然環境や生産緑地との調和を図り、人々の生活環境と自然環境双方の質的向上を目指すべきである。このためには、土地利用と交通とのコーディネーション、都市の中心部(中心市街地)と郊外部の機能分担・連携により、コンパクト(集約型)で機能的なまちづくりを行うことが急務である。これを実現するためには、空間ビジョン、制度システムおよび評価フレームの三つの要素の連動が必要である。

都市と田園が明確に区分された一極集中型の都市構造はもはや現実的ではない。それに代わって求められる都市像は、市街地の非拡大(コンパクト)、都市機能の融和(アーバン)、自然環境の再生(グリーン)という観点からのまちづくりである。

市民の価値観が多様化する中で、ビジョンの提示と、それを実現するための規制・誘導の統合的なアプローチの導入は、いわば異床同夢の試みである。それを可能とするのは、魅力的でだれもが共感しうるビジョンである。

財政制約が厳しさを増す中、都市基盤施設の維持更新コストを抑え、生活の質の維持向上を容易とするために、市街地の集約化を促す新たな土地利用フレームとそれを支える交通システムの導入が求められる。また、こうした集約化は伝統的な集落文化や田園景観の保全などの意味から都市の景観整備にも連動しており、都市の魅力保持に必要不可欠な要素といえる。

中心市街地には、郊外にはない歴史的・文化的な地域資源が存在している。その再評価・活用を図るとともに、都市圏の発展を牽引する中枢拠点＝中心市街地への投資を優先させねばならない。また、中心市街地や既存の拠点集落へ都市機能のみならず人材を集約することにより、経済とともに文化的な活力の向上を図ることが可能となる。その際、自然・歴史的基盤や場所性を重視しながら地域アイデンティティを守り育て、それを都市の文化的創造性に結びつける思考が求められる。

郊外においては、スプロール化に伴う環境コストや社会基盤の維持更新コストなどの外部不経済の評価が必要である。財政的制約が厳しさを増す中、社会的な投資効率の観点から、必要な投資が絞り込まれなければならない。言い換えれば、郊外部よりむしろ既存の都市中心部へ重点的に投資をシフトすべきである。

既存のコンパクト・シティ像をあてはめることができない「都市と田園のはざまに広がる半都市（半市街地）」を正面から捉え、広域での生活空間の再構築を目指すために、機動的なガバナンスの仕組みが必要である。そのためには、ビジョンに対応したわかりやすいゴールの設定（都市の果たすべき機能）、ビジョンを実現するための参加意識の醸成と妥協に至る手続の明確さ、ビジョンへの市場の支持などが不可欠である。

4−2 土地利用集約型の交通ネットワーク／コリドー

前節で示した国土・都市計画を体現する具体的な方向性として、本書はコンパクトな都市域を公共交通で関連付けた形で展開する「コリドー」の優位性を論じる。ただし、日本から米国のTOD（Transit Oriented Development: 公共交通指向型開発）の成功事例を眺めるとき、空間ビジョンの鮮やかさばかりが強調され、それを支える制度や評価フレームへの理解が往々にして不十分と思われる。こうした問題意識から、3−2節ではTODに関連した近年の米国におけるインセンティブ制度を概観するとともに、そうした制度の中枢概念であるLE（Location Efficiency）の政策的含意を考察した。その結果、①LEとは従来の個別側面的なアクセシビリティ概念を束ね、個人の多元的な選択自由度を統合評価する新たなフレームであること、②トランジットエリアでの市場連携とネットワーキングを促し、サービス・住宅取得・投資機会を一体的に改善するという戦略的意味を有することを示した。

【1】TODの展開

所得の豊かさから時間の豊かさへと、豊かさの定義が変化するのに伴い、個人の選択自由度の尺度も、単純なアクセシビリティ概念から多元的なLE概念へと変貌を遂げた。米国都市におけるTODの広まりは、こうした価値観や概念の転換を反映しているのである。前節でもみたように、日本でも、このような転換は必要であるし、今後の財政、環境、合意形成などの制約条件を考えると必然となるであろう。

【2】公共交通を軸とした土地利用戦略

土地利用と交通との相互依存関係は繰り返し論じているとおりである。この両者の関係を活動(需要)と施設(供給)から整理すると、図4-5のように表せる。

この図をもとに土地利用計画や交通計画を考えると、右回りは「需要に供給を合わせる」ように計画することを表している。例えば、都市活動に伴って発生する交通活動に合わせて交通施設を整備することが考えられる。また、左回りは「供給に需要を合わせる」ように計画することを示している。例を挙げれば、交通施設に合わせて交通活動を誘導する施策、すなわち交通需要マネジメントがこの発想である。

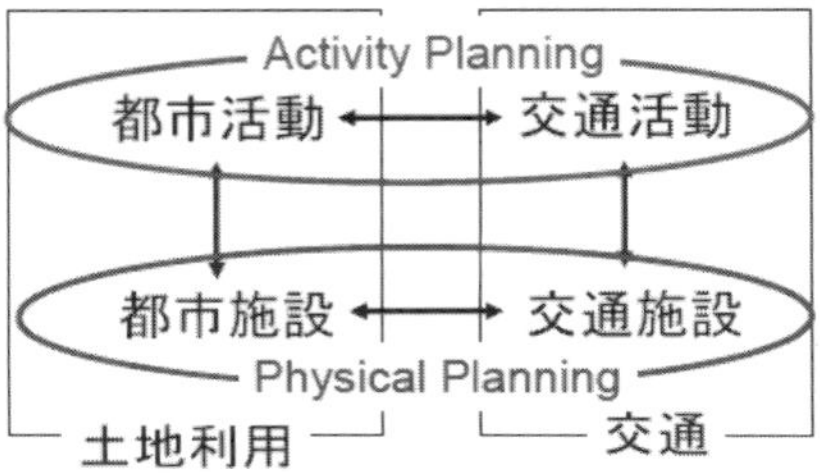

図4-5　土地利用と交通の関係

現実の社会では、右回りも左回りも双方の関係を考えながら、計画立案をしている。しかし、あえてこの両者を位置づけるのならば、人口増加時代は需要増のため「右回り」が主流であり、人口減少時代は供給維持のため「左回り」が大切であると解釈することができる。

今後の土地利用戦略を考える際にこの図を活用すると、交通施設から都市施設を考える次のような「左回り」の施策が参考になろう。

① 交通施設→交通活動……公共交通を導入するためには、車の利用を抑制するとともに、公共交通のサービス水準を向上させ、公共交通利用者の拡大を図る必要がある。

② 交通活動→都市活動……公共交通利用者を増やすためには、都心部に魅力をつける必要がある。

③都市活動→都市施設……都心部の活性化を図るためには、公共公益施設をはじめとした商業施設や住宅施設などの都市機能の充実が必要である。

これまでの交通政策の大半は、既存市街地の交通需要に対して、交通サービスを提供することで沿線居住者の利便性を向上させるものであった。しかし、交通の便が良くなったことによる土地価格の上昇分（キャピタルゲイン）は地主に帰着し、土地税収以外での回収は難しい。そこで沿線の土地を行政が事前に取得し、魅力的な公共交通機関を後で整備すればどうだろうか。公共交通導入による付加価値を上乗せして売却することで、キャピタルゲインの回収を図ることができる。また、公共交通指向の居住者が沿線に転入することで公共交通利用率の増加も期待できる。この手法は、実は大正時代、箕面有馬電鉄（現、阪急電鉄）の小林一三が考案し、日本の大都市圏郊外鉄道整備に応用されてきたものである。

【3】地方都市のLRT導入戦略

ＴＯＤ実現のためにはその基軸となる公共交通の充実が必須である。これを低費用かつ迅速に行う方法として、ＬＲＴ（次世代型路面電車システム）やＢＲＴ（バス・ラピッド・トランジット）が世界的に脚光を浴びている。日本でも近年、ＬＲＴ導入に向けて活発な議論が起きている。研究者はもとより、政治や行政の中でもＬＲＴを評価する流れが活性化している。例えば、民間ベースの「全国・路面電車ネットワーク」の発足や、国会議員の中に超党派のＬＲＴ推進議員連盟ができるなど、活動は年々広がりをみせている。行政の中にも、ＬＲＴ整備計画に対して、関係部局が連携してＬＲＴ総合整備事業による補助の同時採択と総合的支援をする仕組みが整備されつつある。国土交通省では路面電車走行空間改築事業として、路面電車の整備のために必要となる走行路面、路盤、停留場等の整備に必要となる道路改築費を補助対象(道路整備特別会計)としている。法制度としては二〇〇一年に道路構造令を改正し、もっぱら路面電車の通行の用に供することを目的とする道路の部分として「軌道敷」を位置づけるとともに、「交通島」に「路面電車停留場」としての機能を位置づけた。また、社会実験に関しても、二〇〇三年度から、地域の住民と質の高い生活空間の形成を目指す「くらしのみちゾーン・トランジットモール」に取り組む地区に対して、実現に向けた積極的な支援を実施している。さらに、二〇〇五年一〇月には国土交通省から「まちづくりと一体となったLRT導入計画ガイダンス」が公表された。

このような条件整備を背景として、二〇〇六年四月に日本ではじめての本格的なLRTが富山市に誕生した。JR西日本が運営していた富山港線を、第三セクターの富山ライトレールが引継ぎ、一部区間を軌道事業として新設して、全長七・六キロメートルのLRT路線が開業したのである。当初、一日当りの利用者の目標を、JR時代の二〇〇二年度の実績に相当する三四〇〇人としていた。しかし、実際は当初予定をはるかに上回る利用者が押し寄せ、開業三カ月以降も一日平均乗車数は約五〇〇〇人程度と高水準で推移している。

導入直前五年間の旧富山港線沿線人口の推移を見ると、富山駅北など数カ所は増加しているものの、全体としては二万五八四五人(二〇〇〇年)から二万四五四三人(二〇〇五年)へと微減している。これをみても、人口増に合わせた後追い型の交通施設整備ではなく、公共交通を軸とした新しいまちづくりが期待されていることがわかる。

現在、LRT導入を検討している都市として、堺市、宇都宮市、浜松市、横浜市、札幌市、那

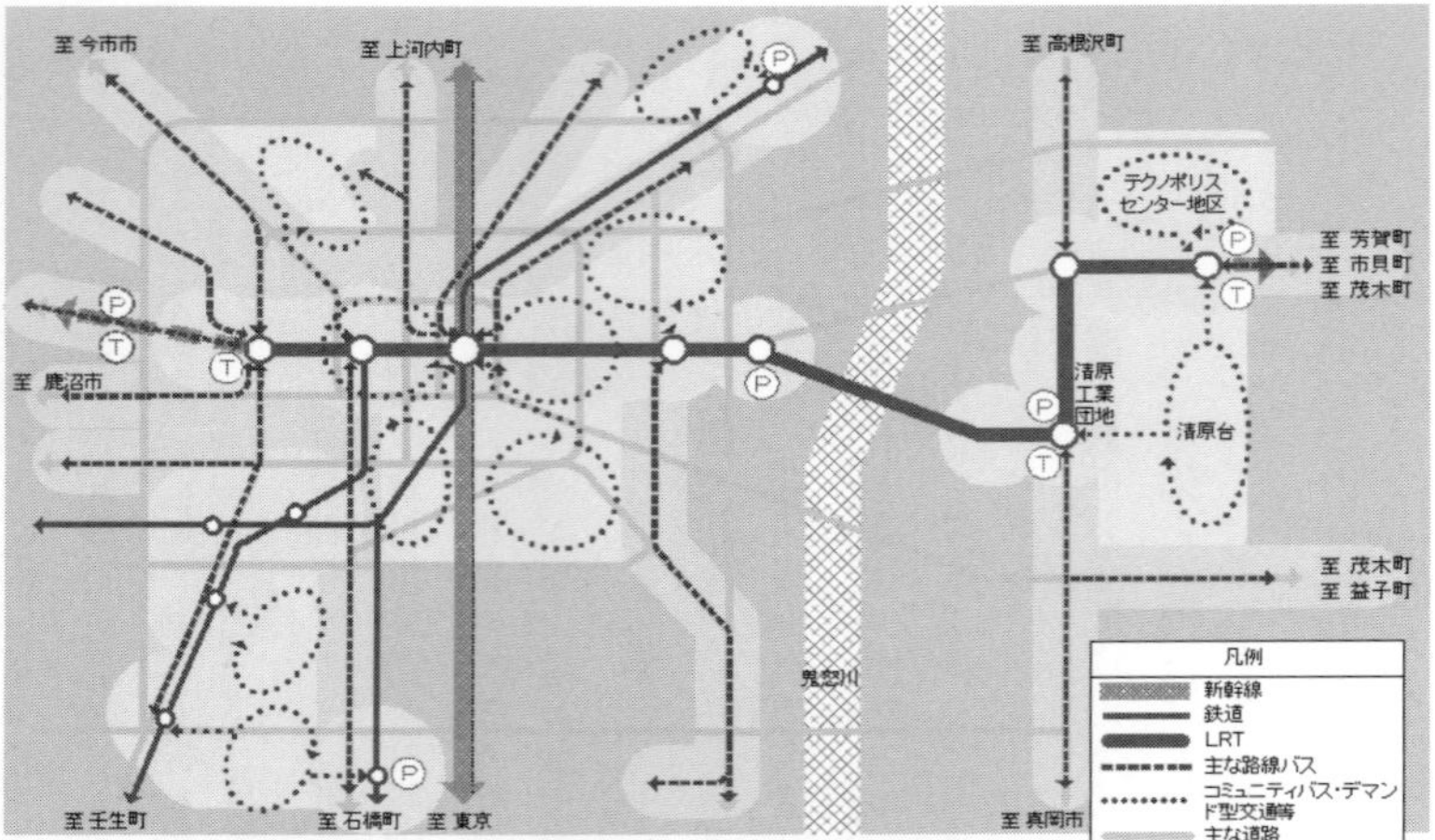

地域区分			公共交通サービスの考え方	求められる輸送力
地域1	既成市街地	都市の基幹軸となる需要が大きい地域	定時性，速達性，輸送力がある基幹公共交通サービスを提供	大
地域2		需要が中程度の地域	基幹公共交通に直結する公共交通サービスを提供	中
地域3		需要が小さい地域	地域の特性に応じた自由度の高い公共交通により基幹公共交通や支線への連携を図る。	中〜小
地域4	その他	将来においても需要が小さいと見込まれる地域		小

※サイクル&ライド駐車場については，停留場において想定される利用需要応じて整備する。

図4-6　宇都宮におけるLRT導入計画

覇市などが存在する。ここでは、宇都宮市を例にとって都市土地利用交通戦略について言及する。

宇都宮は首都圏北部に位置し人口五〇万人を有する中核市であり、戦後は工業都市としても大きく発展してきた。一方で、自動車依存度が極めて高く、居住地の郊外化と都市機能の分散化が進み、中心市街地の活力低下が進んでいる。

宇都宮におけるLRT導入の議論は、公的な記録が残っているものとして一九九三年一月の宇都宮市街地開発組合議会にさかのぼる。現在計画されているLRT計画ルートは、東側が宇都宮テクノポリスセンター地区からJR宇都宮駅までの約一二キロメートル、西側はJR宇都宮駅から桜通り十文字付近までの約三キロメートルで、総延長一五キロメートルとなっている（図4-6）。

LRT導入後の地域全体での公共交通サービス提供の考え方は、その市街地構造を踏まえ、四つの地域に分類し、それぞれの状況に応じたサービスを提供するというものである。主軸となる

写真4-1　LRT導入イメージ（三次元動画）

ＬＲＴと路線バス・コミュニティバスをシームレスに連携させることで、面的な公共交通サービスを目指している。中心市街地では自動車交通を抑制し、歩行者・自転車中心の整備を行う。ＬＲＴを導入する大通りをトランジットモール化し、商店街と一体となった歩行空間を確保し、歩行者の回遊性を高める。一方、まちづくり面においては、ＬＲＴの導入と再開発事業等との連携を図ることによってＬＲＴ沿線の商店街の再生を図る。加えて、魅力ある都市景観の創造、都心居住地の創出など複合的な整備が必要である。

宇都宮においては、政治的な論争としてＬＲＴ導入が議論されることがあり、導入の是非は市民にとって重大な関心事である。これまで路面電車がなかった都市の住民に、新しい交通手段を理解してもらうためには、導入後の宇都宮を再現した三次元動画など、よりわかりやすい説明が必要である（写真4-1）。現在、市のＬＲＴ導入推進室やＬＲＴ推進の市民団体が中心となって、ＰＲ活動が活発化している。

また、郊外部のＬＲＴ沿線では、ＴＯＤを念頭に置いた都市整備が期待されている。自動車依存が過度に進んだ社会では、郊外部において公共交通を整備しても、車利用から短期間で転換を図ることは困難である。そこで、乱立傾向にある大型商業施設を適地へ誘導し、車との共存を図りつつ、個々のライフスタイルや環境に合わせた段階的な整備が重要となる。一方、高齢社会に対応したコミュニティセンターや保育施設、病院など、公的サービス・福祉サービスの集積も重要な課題である。

【4】コリドー型開発の成功条件

以上のようなコリドー型開発は、大都市スケールの郊外開発を基軸としたものとしては、先行していたロンドンやシカゴをはるかに凌いで、東京・大阪が世界のベストプラクティスである。しかし、二〇～一〇〇万人規模の都市では、八〇年代以降に安価で軽快なLRTを基軸として都市開発の誘導、集約を図った、ポートランド、ストラスブール、フライブルクなど海外都市が先行している。これらの都市では、日本よりも三〇年程度早いペースで所得が上昇し、自動車保有率の上昇や都市の郊外化が起こった。その結果、都心部まで車を乗り入れることによって引き起こされた大渋滞を解消するための政策を一九七〇年代から実施しているのである。

また、上記都市はいずれも、高いサービスレベルの公共交通の供給と併せて、都心への自動車利用の抑制策を講じている。ストラスブールでは「交通セルシステム」と呼ばれる通過交通抑制のための交通規制を行っている。フライブルクでは、幹線道路を除き全市で制限速度を時速三〇キロメートルとし、中心部での自動車乗り入れを規制している。ポートランドでは、幹線道路計画の中止、都心高速道路の撤去、中心部のトランジットモール化など、徹底した自動車抑制策を実施している。いずれも、郊外部では自動車の利用環境を整える一方、交通混雑や大気汚染の著しい都心部での利用を抑制することで、自動車利用の適正化を図っている。

駐車場政策も重要な手段である。ストラスブールやフライブルクでは、モール化・乗り入れ規制と併せて、都心部の駐車場の有料化や削減を進めている。ポートランドでは、都心部の駐車料金を値上げし流入車両を抑制するとともに、公共交通整備の原資としている。これと併せて、郊外部ではLRTの停留所に近接したパークアンドライド用駐車場を無料、あるいは格安で供給している。このように、自動車利用者も公共交通を使いやすくすることで、都心への交通手段の転換を誘導している。

公共交通は、運行時間が長く、頻度が多く、運賃が低いほど利用しやすくなるが、そうすると当然のことながら事業採算性は悪化する。欧米の多くの都市では公共交通のサービスレベルを確保するために、インフラ整備のみならず運営費にも公的な財源が投入されている。ポートランドの公共交通は運営費の約七割が税金でまかなわれており、運賃収入は二割にすぎない。ストラスブールでは、LRT単体としては黒字だが、公共交通事業全体では運賃収入は運営費の六割であり、四割は税金でまかなわれている。フライブルクでは交通事業の欠損を電力・水道事業等の公益事業の収益と市の補助金で補填している。都市内の公共交通事業は、幹線鉄道や種々の公共施設の場合と同様に、公共サービス義務(Public Service Obligation)としてEU全域で認識されているのである。この概念の下で、公的補助によって高いサービス水準が確保されているが、補助金の導入には議会での承認や住民投票など民主的な手続を経ている。

都市開発の規制・誘導も、コリドー型都市構造を構築する上で不可欠な措置である。フランス、ドイツの都市計画では伝統的に開発規制が強く、十分なインフラ計画のない開発は法令上も運用上も抑制されている。アメリカではエッジシティに見られるように、郊外での住宅、商業施設開発が大規模に進展してきたが、ポートランドでは一九七〇年代に成長境界線を設定し、郊外開発を規制している。このような開発規制は、都市の拡大を抑制すると同時に、土地の希少性を高めるため、既存市街地の高度利用誘因となる。同時に都心部や公共交通沿線で都市開発を推進することにより、TODの実現を図っている。

このように、海外の成功事例では、コリドー型都市の実現のためにＬＲＴ整備のみならず、自動車対策、財政措置、土地利用政策を複合的に実施している。ＬＲＴを整備する一方、都心への幹線道路も整備した都市では、自動車利用が増加し大気環境基準が未達の箇所も存在する。単一の施策ではコリドー型都市の目標を達成することは困難であり、複数の政策を互いに整合させた総合的な都市政策で対処することが必要である。

【5】日本への示唆

以上の先進事例は、既に日本でも紹介されており、コリドー型市街地の理念や、それによる環境やＱｏＬの改善効果は認識されていると考えられる。札幌、青森、富山などの都市マスタープランではコンパクト・シティを標榜し、公共交通を軸とする都市計画のビジョンが示されている。二〇〇六年には「まちづくり三法」の改正が施行されるなど、郊外開発を抑制する法制度も整備されつつある。しかし、自動車利用の抑制策や公共交通への財政措置などが国民に十分受け入れられているとは言い難い。

都心部での自動車利用の抑制は、特に商業事業者からの反発が強い。交通規制は商店の売り上げ減少につながるとの懸念は世界共通であり、欧州の都市でも導入時に反対を受け、規制が緩められることもある。しかし、モール化した商店街での来街者数や売り上げの増加といった成功体験は他の都市への普及を促進した。日本でも、成功のモデルケースが必要であり、社会実験等を通じた理解の促進が試みられている。しかし、自動車利用抑制を都心衰退の原因としないためには、前述のようにサービス水準の高い公共交通や駐車場政策の組合せが必要であり、その成功のためには周到な準備が求められる。

日本における公共交通への財政措置の多くは、生活バス路線維持など最低限のサービスを保障するために行われており、自動車からの転換や乗り継ぎを促すものとはなっていない。高水準なサービスは費用が高くなるが、それによりコンパクトな市街地が誘導されるならば、第1章で見たように行政コストの削減に寄与する。また、交通が便利になり市街地が活性化すると税収も増加する。米国ではＬＲＴ整備により周辺地価が上昇することを見込み、固定資産税の増加分を担保とする建設債券を発行したり、周辺企業に建設資金の一部を負担させる仕組みが用いられている。日本においても、福祉などのナショナルミニマムの観点に加え、都市の活性化、地方財政の健全化の観点から公共交通への財政支援が正当化される可能性も視野に入れ、柔軟な財源の検討と市民の合意形成が求められる。

都市の拡散は、人口減少が始まった現在も進行しており、郊外開発の抑制は、コリドー型都市構造の実現のためには直ちに取り組むべき課題である。しかし、それだけでは不十分であり、より積極的に郊外からの撤退と公共交通軸への立地を誘導する方策が必要である。

人口減少が続く旧東ドイツの都市では、郊外部の人の住まなくなった集合住宅等を撤去し、ビオトープなど自然的利用に戻すシュリンキングポリシーが実施されている。これは主に治安維持、都市環境の改善を目的としており、空き家が出たところから順次実施されている。このため、市街地の撤退もスプロール的であり、現時点では道路等都市インフラの縮小と整合した運用はなされていない。撤退すべき市街地の選別は、社会共通資本の再構築、自然資源の回復と併せて戦略的に実施することが必要だが、財産権の制限にもつながるため、3－2節で示した

LEM(Location Efficient Mortgage)制度など経済的手法と組み合わせた検討が必要であろう。

一方、郊外からの撤退と同時に、コリドーへの再集結を推進する方策も行わなくてはならない。欧米では、LRTの整備等と併せた低・未利用地のミックスト・ユース型の再開発などにおいて、しばしばアフォーダブル住宅の設置を義務付けており、福祉政策としても位置づけられている。日本では、経済的な理由で転居が困難な郊外居住の高齢者のQoL低下が懸念されているが、LEM等と組み合わせたコリドーへの立地誘導策はこの問題の解決にも寄与しうる。

このように、欧米での新たな取り組みは、日本でのコリドー型市街地形成策検討において参照しうる点が多い。しかし、その達成には、各種対策が複合的に効果を発揮するよう計画することが重要である。

【6】コリドー型市街地のストック化ビジョン

都市空間を良質なストックとして整備・保存するためには、公的空間だけではなく民有地の景観・歴史的資産・自然景観などの共有性を高めるなど、セミパブリックの考え方を取り入れ、共有空間の再評価を進め、土地の共同利用拡大のルールを確立していく必要がある。その発想は、3-3節に示したパリの街区一体型の建物群、街路と中庭が創り出す伝統的な都市空間に見られる。しかし、日本において街づくりを支えてきたものは個別散在的な建築活動であり、そこには「公と私の中間領域」としてのセミパブリックの領域は存在しない。こうした領域の形成あるいは再生こそが、街区ストック化の鍵である。

パリをはじめとする魅力的な都市空間の特徴は、建築物と街路が一体となっていることにある。

その一体感は、建物と街路の境界デザインによって生み出されている。また、3-2節に示した米国のTODに見られるフォームベースドコード（FBC）も、公共空間のネットワークデザインと建築物のデザインとを結ぶ横断的なコードとして機能し、両者の一体感を演出している。

日本の都市は、これまでいわば「道路・用途・密度」という三点セットに基づいて計画され、建設されてきた。すなわち、明確な理念がないままに「道路からはじまる街づくり」が踏襲されてきた。先に立つ空間ビジョンがないのでは公共空間と建築物の一体性は確保されない。第2章に記した全体性（広域・公益）を指向する「交通計画」と個別性（狭域・私益）を指向する土地利用計画との一体性は担保され難い。

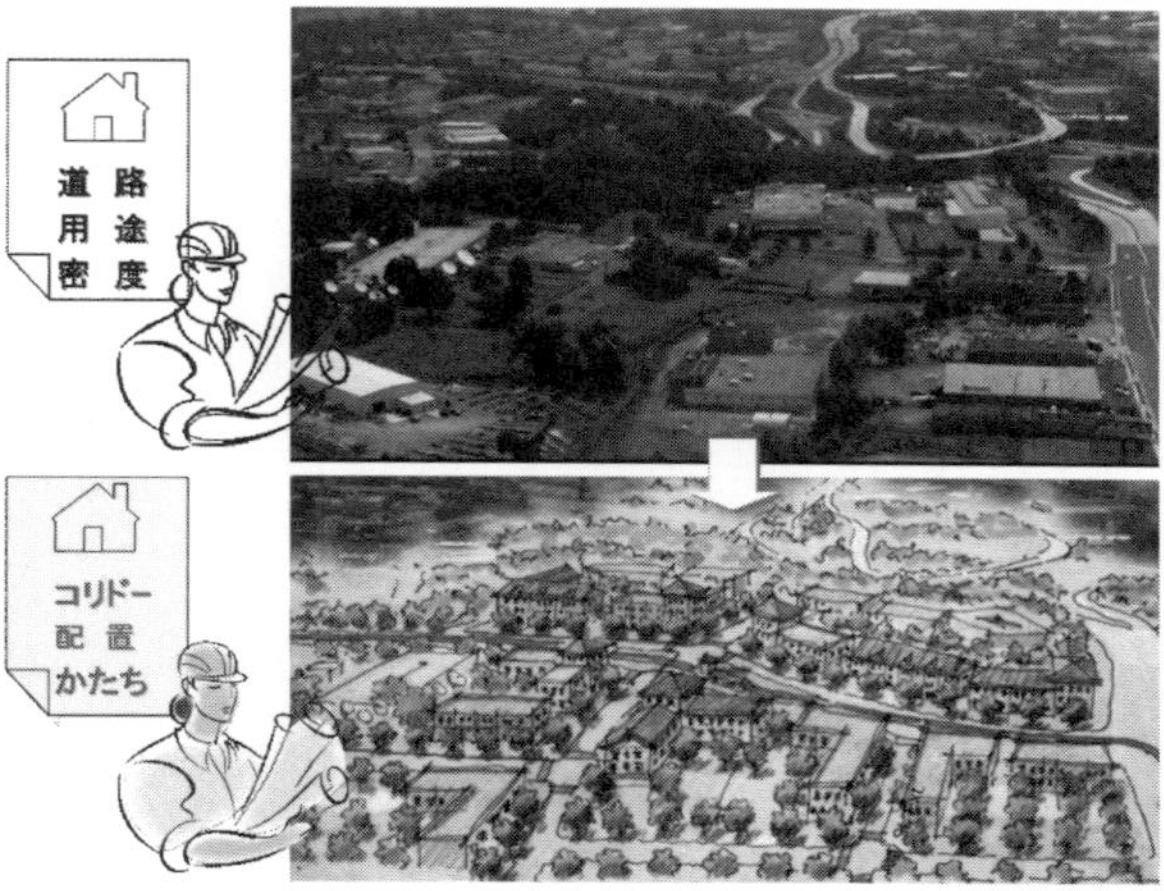

図4-7　「コリドー・配置・かたち」に基づく計画への転換

明確な空間ビジョンに基づくストック化を図るためには「道路・用途・密度」に代わる新たな「コリドー・配置・かたち」が必要とされる（図4-7参照）。

道路を「コリドー」に、用途を「配置（デザイン）」に、密度を「かたち」に置き換える新たな土地利用計画の仕組みによって、建物の形態に関する明確なコントロールを与えられる。これによって、土地所有者や近隣主体は将来の開発像についての明確なコントロールを与えられるとともに、将来の開発像についての予見が容易となる。また、こうした仕組みは直ちに建築の用途を制限するものではなく、用途はあらかじめ定められた建築形態の下で市場に任されることになる。こうした柔軟さのために、近隣の人口動態やニーズが変化するような場合でも、建物用途は変化に応じて容易に転換することが可能となる。このことによって、配置とかたちを重視したスケルトン・インフィル型の街区整備へのインセンティブが生まれるのである。

4-3 流域圏プランニングを基盤とした水と緑のコリドーの形成

【1】はじめに

3-4節で述べたボストン広域圏計画は、基本的に河川の流域を単位とし、水源林の保全とレクリエーション利用、流路の保全、流域の土地利用のコントロールを総合的に行ったものである。様々な広域地方計画の中でも、一〇〇年を超えて受け継がれてきた、持続性の高いものである。この計画を参考とし、戦前、日本で策定されたパイオニアとしての広域地方計画が、「東京緑地計画」である。「東京緑地計画」は、今日でいうマスタープランであり、理念とビジョンを明示したものであった。

実際の行政計画に基づく東京圏での緑地の確保整備は、後に続く防空空地計画(防空法)、戦災復興計画(戦災復興特別措置法)、首都圏整備計画(首都圏整備法)などにより、長い年月をかけて積み上げと改廃が行われてきた。その中で健在なのが、流域圏に依拠するパークシステムである。武蔵野台地の湧水地である水源林（井の頭、善福寺、石神井等）は、大規模公園として担保され、大小の緑地がこれらの緑地を水源とする神田川、善福寺川、石神井川に沿って結びつけられている。このパークシステムは、戦後の急速な都市化により寸断されてはいるが、過密都市にあって、ヒートアイランドを緩和し、地震発生時の避難路となり、また、風の道、そしてエコロジカル・コリドー等として、多様な役割を果たしている。今後、水と緑の回廊の再生が集中的に行われれば、二一世紀における基幹的環境インフラとなる可能性を有している。

これらの歴史的知見を踏まえて、筆者は、都市を支える水環境の持続的維持のために流域圏プランニングを基盤とし、緑地整備を河川に沿った緑のコリドーとする原則を導入することにより、土地利用の集約化とストック化を促す戦略を提案し、実践してきた。この方法論は、様々な特質を有する流域圏ごとに、多様な展開が可能である。以下、人口減少時代に対応した土地利用戦略の具体的事例として、二つを取り上げ、「流域圏プランニングを基盤とする水と緑の回廊」について述べる。

【2】既成市街地における新たなグリーン・インフラ創造に向けての戦略

人口減少の時代を迎えて、拡大した郊外市街地から撤退し、コンパクト・シティを促進していくためには、都心が自然の豊かさをも併せ持つ魅力的な空間となっていかなければならない。過密都市に新たに緑地を創造することは至難の業であるが、埋もれたグリーン・インフラを発掘することによって再生に成功した事例は、枚挙にいとまがない。その最も具体的な事例が、二〇〇五年にソウル中心市街地で実現した清渓川（チョンゲチョン）の復活プロジェクトである（写真4

写真4-2　復活した清渓川（ソウル、2005年）

写真4-3　かつての高速道路の橋脚をモニュメントとして残したもの（ソウル、2005年）

−2、3）。このプロジェクトは、一九六〇年代に覆蔽され、高速道路となっていた都市内河川について、高速道路を撤去し、清流を復活させたものであった。この背景には、ソウルの都市の誇りを取り戻そうという社会的意志があり、わずか三年という短期間で実現されたという点も、特記すべき事項である。

図4−7、図4−8は、東京における河川・水路について、安政年間と現在の比較を行ったものである。人々の暮らしを支えていた毛細血管のような都市の水路が、近代化の中で失われていったことが理解できる。これらの水路は、消滅したのではなく、一九六〇年代に、雨水幹線などの下水道、高速道路などとなったが、今日なお、東京を底辺から支え、洪水など非常時の遊水機能

をも担っている。自然地形に準拠した水循環システムの持続的維持は、今後の都市政策の基本となる。

図4-9は、現在の東京区部の公園緑地の分布を示したものであるが、水のネットワークとリンクしていないことがわかる。

筆者らは、この両者を連携させることにより、新たなグリーン・インフラをつくるべきとの仮説に基づいた多様な政策提言とプロジェクトの推進を行っている。新宿御苑における玉川上水復

図4-7　江戸水網図（1856年、安政3年）

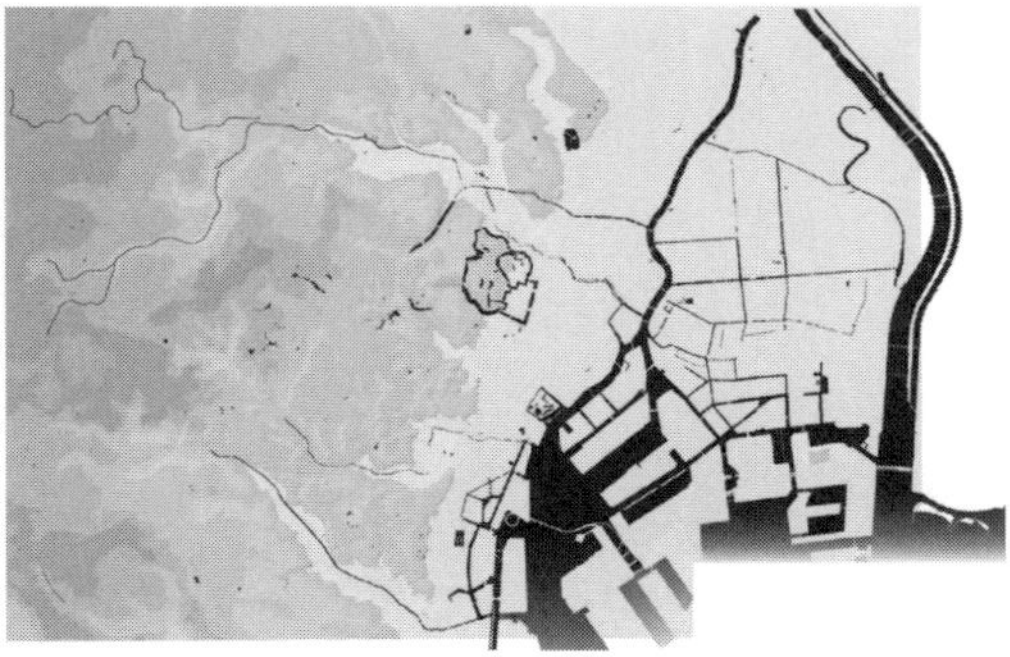

図4-8　現代東京水網図（2003年）

図4-10　玉川上水復活の提案（御苑地区）

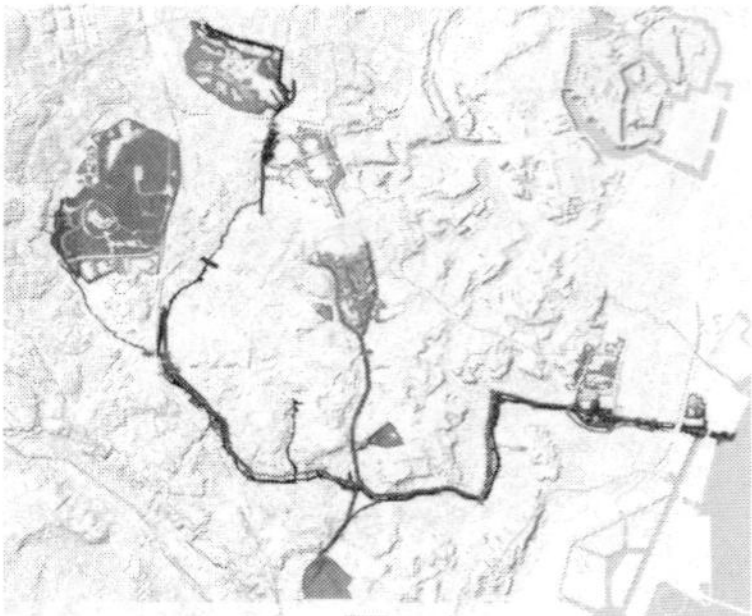

図4-11　渋谷川再生プロジェクト

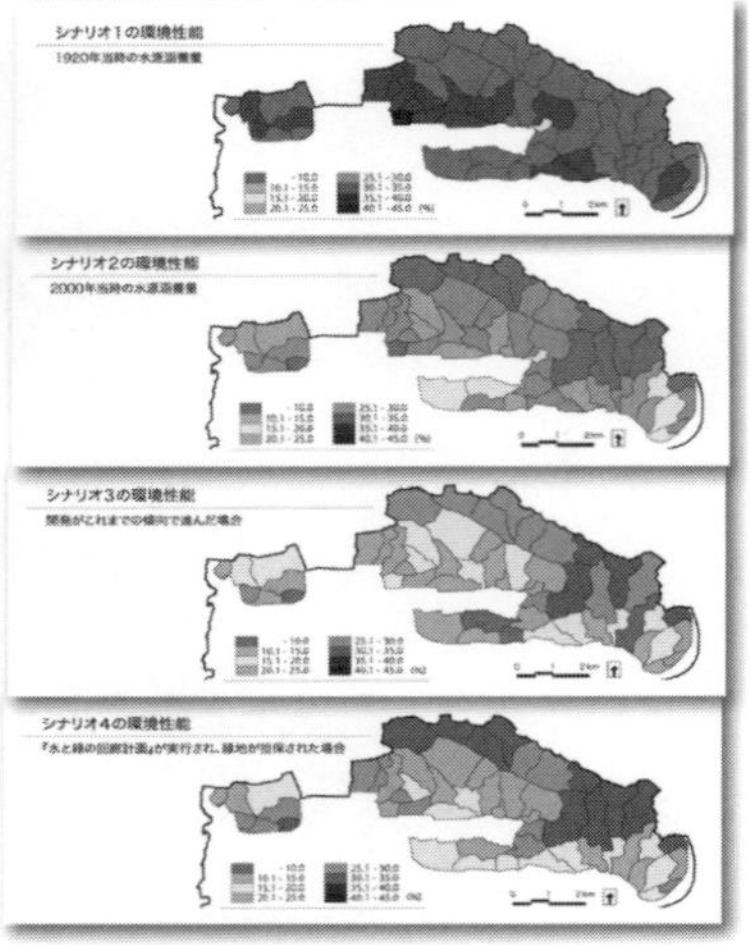

図4-9　東京区部の公園緑地（2003年）

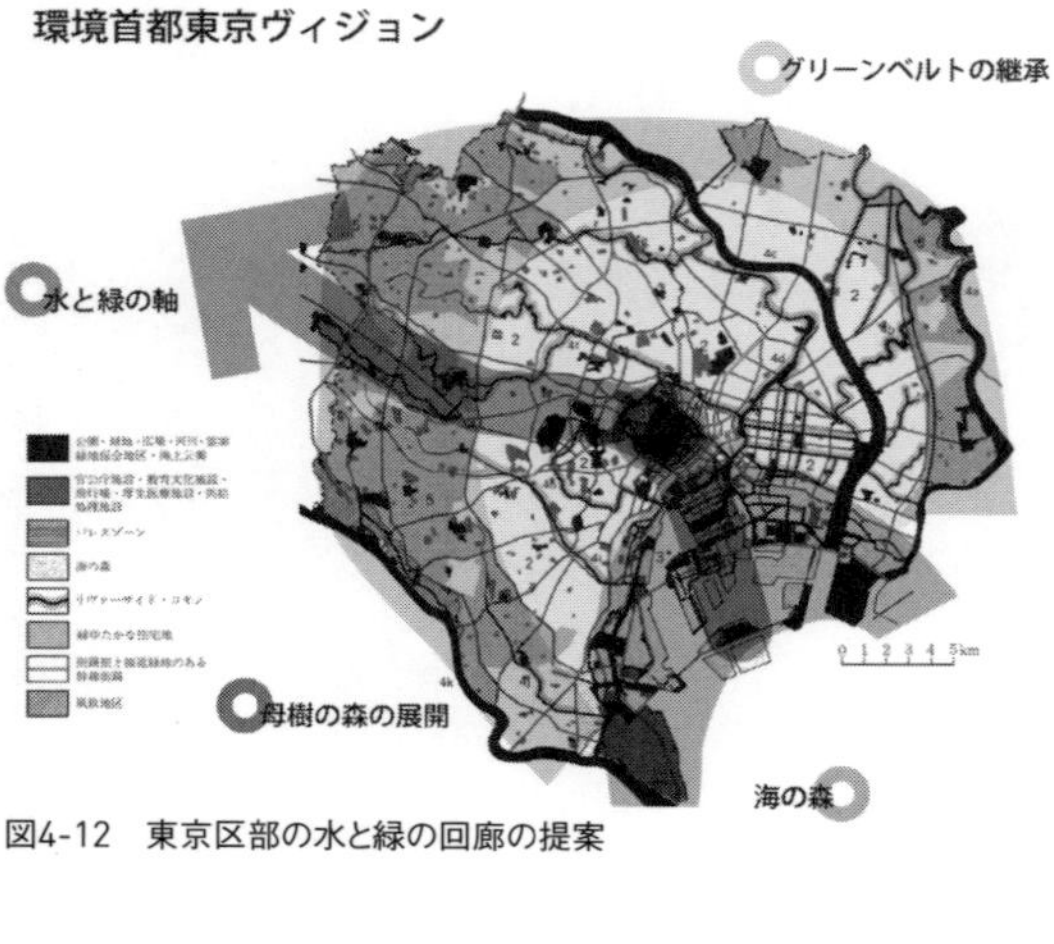

図4-12　東京区部の水と緑の回廊の提案

活プロジェクト（図4-10）、渋谷川再生プロジェクト（図4-11）などは、その代表的事例である。図4-12は、これに基づき、水と緑の回廊の創造により、地球環境時代に向けた東京再生を行うための提案である。

【3】地方都市におけるビジョン

日本の大都市郊外では、一九六〇年代に急速な市街化が進んだ。前述したように、長い農耕社会の中で維持されてきた里地、里山は、その経済的存立の基盤を失い、法制度も整わない中で、改廃を遂げた。

ここでは、そのような地域が人口減少の時代を迎えて新たにいかなる戦略を実施すべきかについて、岐阜県各務原市を事例として述べる。

写真4-4　岐阜県各務原市

問題の所在

各務原市は、本州の中央に位置する市域面積七九・七五平方キロメートル、人口約一五万人の都市である。北部には美濃山地、南部には木曽川があり、古くから人々の暮らしが営まれてきた。丘陵部の山裾には先史時代から一〇世紀にかけての遺跡が分布しており、木曽川沿いには一六世紀頃より、舟運を媒介とする産業が立地し、山城が築かれ、河川沿いの文化圏が形成されてきた（写真4-4）。

二〇世紀初頭、日本の近代化に伴い、広大な各務原台地上に飛行場が建設され、現在は陸上自衛隊岐阜基地となっている。一世紀にわたる航空機産業の蓄積は、国際的競争力のある多様な技術を創出するに至り、この産業基盤が市の経済活力の源泉となっている。一方、名古屋から三〇キロメートル圏にあり、かつ、複数の鉄道網が発達していることから、一九六〇年代以降、急速な都市化に見舞われた。この結果、丘陵地への住宅団地の開発、水田・畑地の宅地化などが進展し、かけがえのない自然環境が失われていった。

自主的な市民活動の萌芽

高度経済成長が終焉した一九八〇年頃より、失われた自然環境を回復し、安全で快適な美しい都市を再び取り戻そうとする市民運動が、静かな広がりをみせた。人と自然が共生する都市づくりはどのようにしたら可能となるか、模索が始まった。

市内には、自然環境の改廃に心を痛める市民が数多くおり、自主的な自然環境の調査が始まった。中でも、市の中央部にある岐阜大学農学部跡地、美濃山地の谷あい、木曽川河川敷には、貴重な自然環境が存在していることが明らかとなった。

一〇〇年先を見据えたグランド・デザインをつくる

優れた自然環境を守り、生活の中で育んでいくためには、強力な政策に裏打ちされていなければならない。そこで、市は、市民参加を中心とし、都市緑地保全法に基づく、「緑の基本計画」の策定に着手した。この成果は、一九九八年に「水と緑の回廊計画」としてまとめられ、将来の都市ビジョンを、「公園都市」とする合意形成が行われた。そして、三つの目標として、「歩くことの楽しい安全で美しいまち」、「山と川の豊かな自然を暮らしの中へ」、「自然と共生するまち」が掲げられた。

都市の緑、里山の実態の徹底した調査

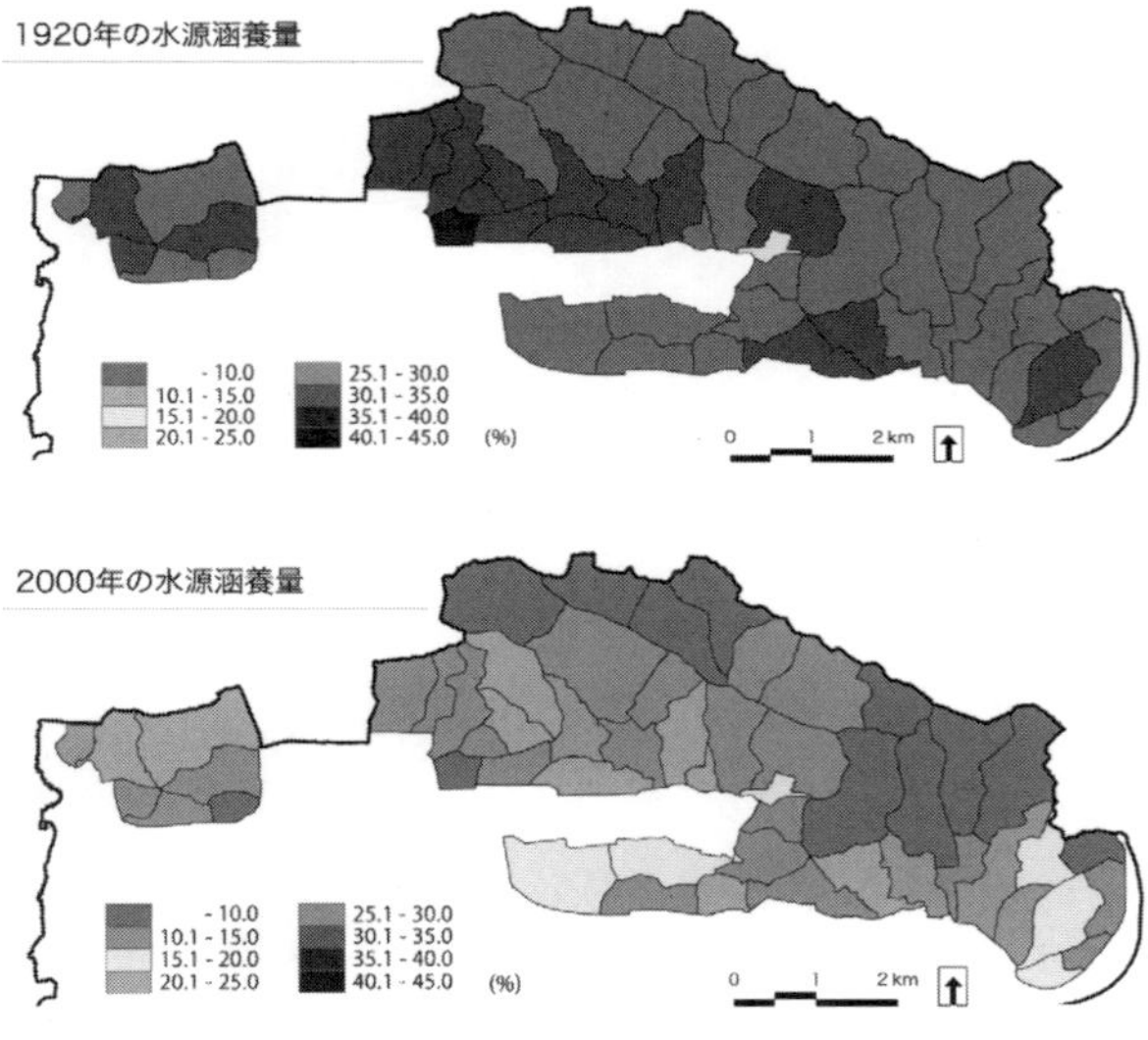

図4-13　小流域における雨水浸透量の変化（1920年～2000年）

グランド・デザインの実現に向けて、市は、迅速に実現に移すための戦略プランの策定を行った。それは、三つの回廊と七つの拠点からなるもので、特に森の回廊、川の回廊、まちの回廊を都市の骨格と位置づけた。

筆者は、この実現のためには、里山の植生管理、および水循環の再生という長期的視点を据えなければならないという考え方に基づき、自然環境の調査を開始した。詳細な植生図の作成を三年の年月をかけて実施し、データベースを創り出した。この調査を通して、地域固有のジーンプール（遺伝子の貯蔵所）ともいえる貴重な植物群落が各所に残存していることが明らかとなった。また、里山の改廃の指標として、森林の雨水涵養量の変化を、一九二〇年代の土地利用にさかのぼり、簡易タンクモデルを活用し、明らかにした（図4-13）。

写真4-5　学びの森の市民ボランティアと子供たち

写真4-6　各務野自然遺産の森と市民ボランティア

雨水浸透量の激減は、飲料水をダムではなく地下水に依拠している各務原市にとっては大きな課題であったからである。

具体的な空間の創造による水と緑の回廊の実現

このような学術的調査を踏まえ、里山、都心の緑の環境を具体的な空間として修復、再生する試みが、二〇〇〇年より始まった。

その第一歩は、市の中心にあり、市民に親しまれていた岐阜大学農学部跡地における都市計画道路の建設を凍結し、市民の森として再生させるプロジェクトであった。これは、市民の大きな支援を受けた。約七年の歳月をかけて「学びの森」づくりが進められ、併せて、貴重な段丘崖の保全、カワセミの生息地の保全、ビオトープづくりが行われている。毎月のように行われる様々の活動をとおして、都市にコモンズ(共有地)が復活しつつあり、まちの回廊の核となっている(写真4-5、6)。

森の回廊については、砂防ダム建設予定地の計画変更を行い、自然遺産の森が、二〇〇二年より三年の歳月を費やして創り出された。多くの里山と同様、この地でも、杉、ヒノキ林が、間伐の放棄された過密林となっており、林床における生物多様性が損なわれていた。筆者は、砂防ダムを自然護岸の設計に変更し、間伐を行い、湧水地における湿地環境の再生を行った。また、環境教育の場として、各務原野自然塾が設置され、憩いの場だけではなく学びの場として、次世代を育てる試みが行われている。

この二つの大きなプロジェクトの実施による波紋は大きなものがあり、森の回廊では、レッドデータ・ブックに記載されているシデコブシ群落の保全と、地域のレクリエーション利用、墓地公園のリニューアル（瞑想の森）、ＮＰＯによる森林管理等、多様な活動が行われるようになった。まちの回廊については、既存公園のリフレッシュ事業が二〇〇二年度より実施され、二〇にのぼる公園が、市民参加により改良されてきた。

こうした拠点を結び、ネットワーク化を行う役割が、川の回廊である。市の東部を流れる大安寺川は、蛍の里として有名である。また、西部を流れる新境川沿いには、百十朗桜という名所があり、多くの市民が、その保全活動を行っている。

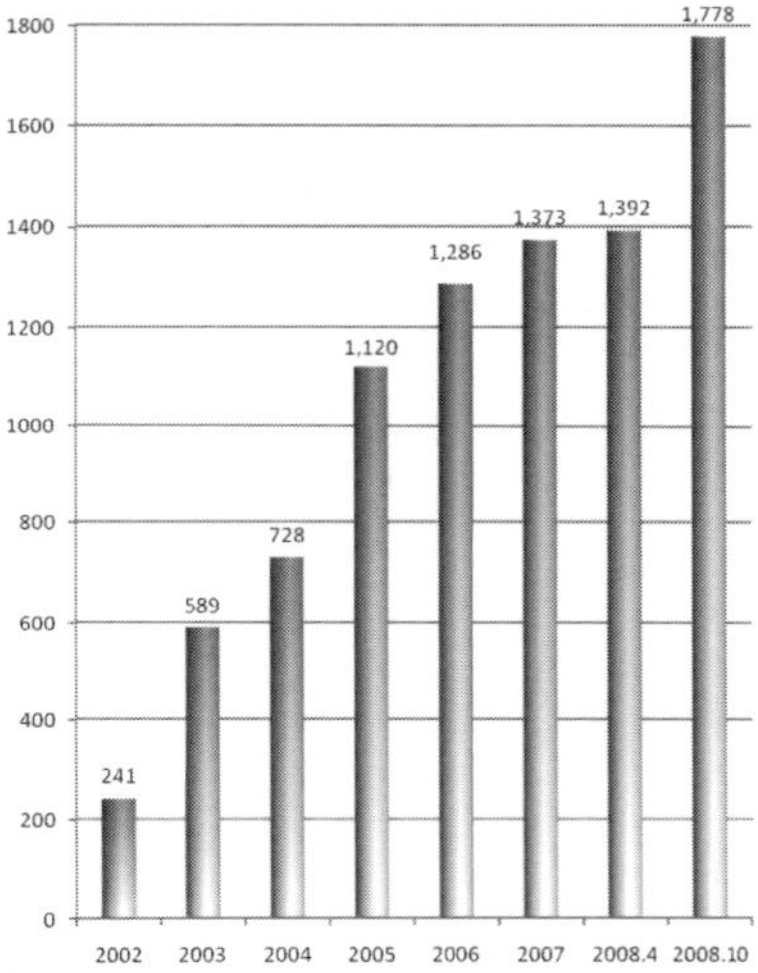

図4-14　各務原市における市民ボランティアの増加

このように、各務原市の特色は、わかりやすいグランド・デザインを掲げ、達成可能な具体的目標を設定し、様々なステークホルダー（関連する人々）が役割を分担しながら進めていることにある。空洞化した都心には、まちの誇りとなるコモンズを復権させ、里山では土地本来の自然環境の修復を緩やかに行うことにより、自らの住む地域に市民が直接貢献できる場を創造していることが重要である。図4−14は、この間の市民ボランティアの増加を示したものである。

人口減少の時代、豊かな環境を創り出す要は、畢竟、「市民力」にある。

参考文献

＊1　宇沢弘文『自動車の社会的費用』、岩波新書、一九七四
pp.288-303, 2006.
＊2　Landeshauptstadt Munchen Baureferat: Lebensart Und Gartenkunst Aus Jahren, April 2005.
＊3　Curry, J.M., McGuire. S.: Community on Land, Rowman and Littlefield Publishers, 2002.
＊4　Hanna, B.C.: The Role of Town Forests in Promoting Community Engagement and Fostering Sense of Place, Master thesis, The University of Vermont, 2005.

第5章

土地利用の集約化とストック化の実現手法

5-1 都市のコンパクト化をサポートするクオリティ・ストック化

都市の持続可能性を高めるためには、都市のコンパクト化とともに、建物群とインフラからなる街区を「ストック化」し更新を減らす政策を合わせて講じる必要がある。そのための政策手法について述べる。

5-2 市街地の撤退・再集結の実現手法

都市コンパクト化のための撤退再集結施策に適用可能な現行の制度について述べる。さらに市街地のＱｏＬおよび維持費用に基づいた撤退・再集結場所の選定手法を、地方都市におけるケーススタディを通じて示す。その結果、旧来からあった集積地区に再集結し、分散集中型の市街地を目指していくべきことが示唆される。

5-3 撤退・再集結実現のためのパッケージ

ストック化街区実現を促進する格付け制度の導入や、孫文の「平均地権」の考え方を応用した、撤退・再集結の実現手法について解説する。

5―1　都市のコンパクト化をサポートするクオリティ・ストック化

【1】都市のストック化とは何か？

都市を巡る様々な制約条件が厳しくなる二一世紀において都市の持続可能性を高めるためには、都市をコンパクト化して面積を縮小するとともに、縮小した都市内の建物群を「ストック化」し、建替回数を減らしながら、魅力を高め、ＱｏＬを向上させる政策を合わせて講じる必要がある。

ストックとは、経済学では「ある時点に評価される量（経済変量の存在高）」を表す用語である。これに対して、本書が提案する「都市ストック化」とは、単に建物の量的蓄積ではなく、「社会的価値観に基づいて、都市空間として質が高く、将来世代にわたって長期間共有でき、社会的資産となること」を意味する。すなわち、「都市の社会資産化」(Social Capitalization of City)である。

ストック化すべき範囲は、次の三種類に分類することができる。

① 社会資本（道路、河川、公園、緑地等）
② 民間建築物（住宅、オフィスビル、工場等）
③ ①と②によって形づくられる都市空間（オープンスペース、街並み等を含む全景観）

そのうち特に問題となるのは、日本で達成度が著しく低いと考えられる②と③のストック化である。中でも、日本において完全に抜け落ちていたのが「街区(block)」や「通り(street)」を一単位として考える発想である。単体建物に関する施主の満足度最大化に気をとられた結果、街区や通りでみるとバラバラとなり、それが結局は単体建物の満足度を低下させ、その寿命を縮める要因としてはたらいてしまっている例は枚挙に暇がない。一方、パリでは街区内で各地主が協力して一つの中庭型集住形態を実現し、それが一〇〇年を超えて使用されている実例を目の当たりにした。

そこで、本書では、日本において街区単位でのストック化を実現し、二〇〇年間維持されることを目標に掲げる。街区ストック化に寄与する建築物とはどのようなものなのかを知るために、建物群の「寿命」に影響を及ぼす諸要因を整理するとともに、それを延長しうる、つまりストックを形成しうる建物群をつくり出していくために必要となる政策についてまとめたのが図5−1である。ここでは、寿命を次の三種類に分けて捉えている。(1)物理的寿命……建物の耐久・安全性によって決まる寿命である。建築物の耐久・耐震機能、単体建物の安全設計、および防災・防犯機能によって決まる。(2)機能的寿命……使用性、景観調和性および環境調和性の三つから決まる寿命である。使用性は、用途の二次元的分離・混在への適応、三次元的用途混合使用可能性、適切な用途転換の可能性、および効率的な土地利用を含む。景観調和性は、形態デザインによる建物単体の美しさに加え、街区内の周辺建物との調和を保つ建物群形態・ファサードの適切な統一性、整然としたレイアウトおよび街区スカイラインなどの要素からなる。環境調和性は、住宅や生活関連施設などの集落(都市・農山村両方の)中心地への再集積、省資源・省エネルギー計画と低環境負荷設計の三つから構成される。(3)経済的寿命……建物の建設や維持管理コストなどを意味し、建設および維持管理コストによって決まる。

これらに対して影響を与える政策手段は、都市計画法制、建築規制、税・補助金、自然環境法制の四つの制度体系に分類できる。日本において、これらの各体系にいかなる問題があるかを明らかにすることが必要である。

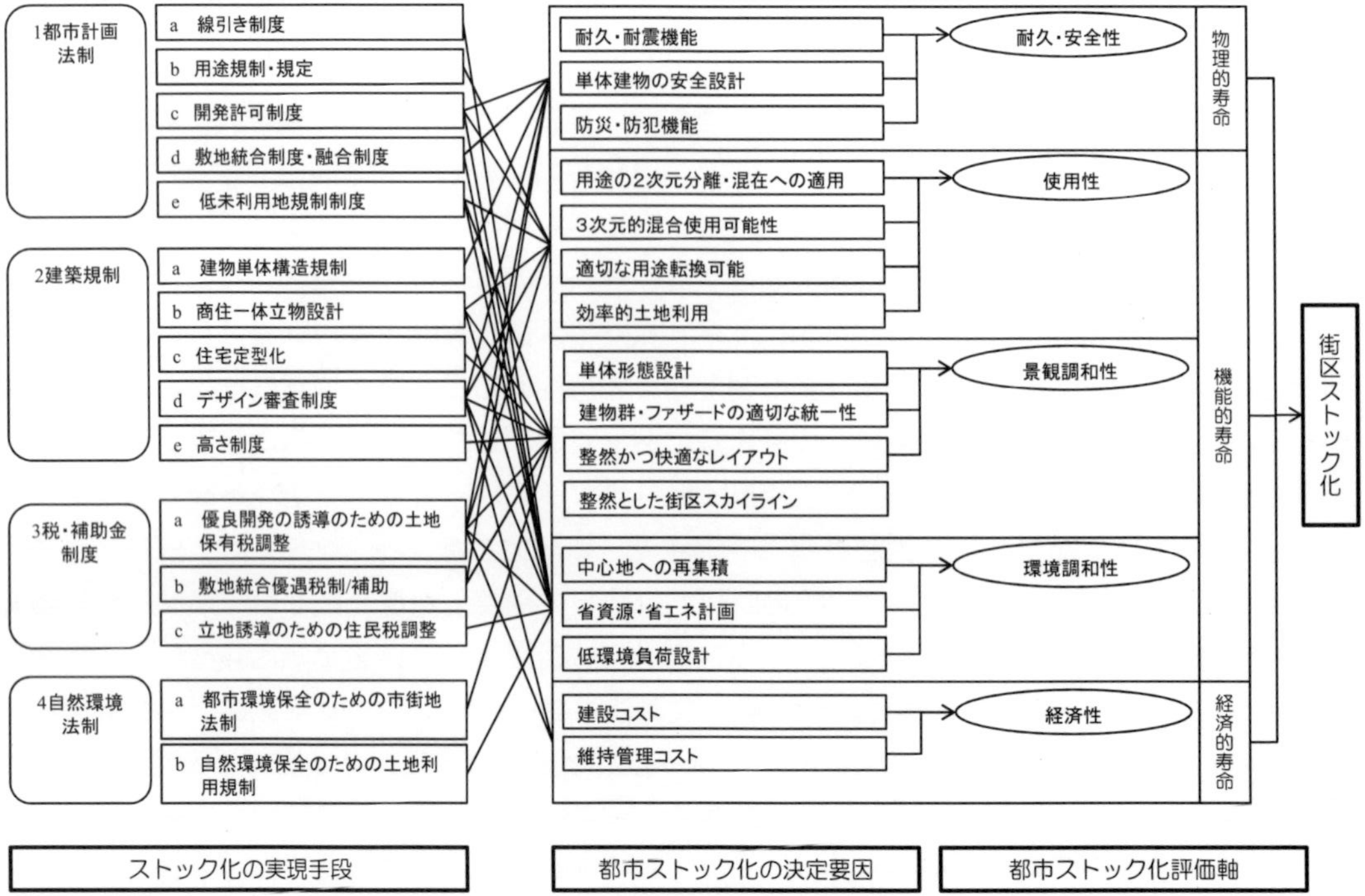
1都市計画法制
a 線引き制度
b 用途規制・規定
c 開発許可制度
d 敷地統合制度・融合制度
e 低未利用地規制制度
2建築規制
a 建物単体構造規制
b 商住一体立物設計
c 住宅定型化
d デザイン審査制度
e 高さ制度
3税・補助金制度
a 優良開発の誘導のための土地保有税調整
b 敷地統合優遇税制/補助
c 立地誘導のための住民税調整
4自然環境法制
a 都市環境保全のための市街地法制
b 自然環境保全のための土地利用規制
耐久・耐震機能
単体建物の安全設計
防災・防犯機能
耐久・安全性
用途の2次元分離・混在への適用
3次元的混合使用可能性
適切な用途転換可能
効率的土地利用
使用性
単体形態設計
建物群・ファザードの適切な統一性
整然かつ快適なレイアウト
整然とした街区スカイライン
景観調和性
中心地への再集積
省資源・省エネ計画
低環境負荷設計
環境調和性
建設コスト
維持管理コスト
経済性
物理的寿命
機能的寿命
経済的寿命
街区ストック化
ストック化の実現手段
都市ストック化の決定要因
都市ストック化評価軸

図5-1　都市ストック化の評価指標および実現手段

【2】日本における街区ストック化と施策との関係

第3章で取り上げたイギリスやドイツでは、都市における建築物群が整然とした街並みを形成している。それには、市民の街並みに対する意識が高く、また法制度も整っていることが寄与していると考えられる。日本においてもこれらを参考にしつつ、街区内の建物間の調和を規定する、都市計画・建築制度と地主の周辺調和的開発を促す税・補助金制度の連動を図ることで、街区ストック化を実現することが可能であると考えられる。前節で示した枠組を踏まえ、街区ストック化のために必要と考えられる施策を提示する。

都市計画法制

第一に、郊外のスプロール的開発を禁止し、既存の立地箇所から撤退させるための規制が必要である。こうした都市(圏)の二次元平面上でのコンパクト化は、郊外人口低密度地区における将来にわたるインフラ維持費用削減の観点からも重要である。

次に、郊外から撤退して再集積させる中心地(都心、副都心や鉄道駅近接地区や農村中心集落)における、街区単位での建物や樹木によって形成される三次元景観のコーディネートを目的とした三次元計画策定制度が必要である。このための第一歩として、地区計画制度の義務化が考えられる。さらに、優良なストックを形成する地区計画を策定した街区の地主に対しては、合わせて固定資産税や都市計画税を減免するなどの優遇土地税制を実施することが有効であろう。

低・未利用地に対する規制や高度利用へのインセンティブの賦与、および、敷地統合規制・誘導制度の実施により、街区全体の建物群に整然としたレイアウトを与え、快適な空間構成を促進でき、都市全体の景観調和性の向上に役立つ。

建築規制

建築基準法による建物の単体構造規制は、耐久・耐震機能を要求し、単体建物の安全設計を確保するものである。これに加えて、デザイン審査制度を導入することにより、美しい単体形態デザインを促し、街区内建物群の形態・ファサードに適した統一性が確保できる。また、建物内での三次元的用途混合使用および用途転換可能性を考慮したデザインを採用することも有効である。そのため、既存の制度を活用しつつ、これを商住一体建物デザインに応用する包括的なパッケージを用意していく必要がある。それとともに、街区の統一的な高さ設定の実施によって、整然とした街区スカイラインを保つことができる。

これらの建築規制の見直しは、都市の建築物、街区さらに都市全体の景観調和性を向上させることに大きな役割を果たす。

税・補助金制度

日本には、優良開発や敷地統合に関する多種の優遇税制・補助金制度が既に存在し、個別に見れば有効なものも多い。しかしながら、街区単位で見たとき、その全体にとって有効となるようにコーディネートされたパッケージとはなっていない。ここで必要な政策は、優良開発の誘導のための土地・建物保有税調整政策、市街化区域における敷地統合を優遇する税制・補助政策、そして、住民税を用いた立地誘導政策の三つのコーディネーションである。

自然環境法制

都市環境保全のための市街化調整区域指定と、自然環境保全のための土地利用規制の両側面を考える。

都市における環境の保全は、アメニティの確保を主たる目的として、オープンスペースや樹木の保全を図り、美観を保持することである。日本においてもドイツに見られるように、緑のネットワークをインフラネットワーク計画と同等に位置づけ、道路整備等による緑の減少があれば必ず補う等、地域全体として自然環境管理をシステマティックに実施できる方式が必要である。

以上に示した施策群は、空洞化する都心部に人口を取り戻し、使用性、環境調和性を高め、かつ景観調和性をも高めるものでなければならない。土地税制のような経済的施策によっても都心への人口移動を促すことが可能であろうし、都心部の建築群を美しく設計し直し、緑を配置する政策は景観調和性を高め、一層の人口移動をもたらすであろう。このような政策群の実施が物理的、機能的、経済的のいずれの観点からも長寿命であり、将来の社会資産となりうる都市ストック化を促進する。

そのためにも、公共による事業主導の都市計画から、民間敷地の地主やデベロッパーが社会の目標としての持続的都市空間づくりへと動くインセンティブを与えて、民が自律的に行動をとっていくシステムへの変化が必要である。それをサポートするために、法制度と税・補助金制度の連動は有効に機能しうる。

実際に、第3章でも述べた、欧州における開発保全地区の厳格な運用や、米国の成長管理制度は、規制による郊外開発の抑制と市街地の高度利用を目指したものであり、LEM(Location Efficient

Mortgage)制度は社会的交通費用の節減を根拠としたトランジットエリアのインセンティブ制度となっている。

【3】ストック化の柱となるコリドー

拡散都市の最大の問題は、都市をかたちづくる三つの基盤、すなわち自然および歴史基盤(グリーンネットワーク)、交通など社会基盤(インフラネットワーク)および社会関係資本(ヒューマンネットワーク)が切り離されてしまったことである(図5-2参照)。我々の都市が破綻ではなく再生への道を歩むためには、まずこれらの基盤が一体的に、あるいは一定の近接性をもって「コリドー」として再配置される必要がある。

交通計画と土地利用計画との一体化も重要である。そのために、適切な広がりを持つ歩行者空間の確保、都心地区内への自動車流入抑制が含まれる。また、中心市街地本来の活力や魅力を高めていくために、道路空間をより快適でより魅力あるものにするためトランジットモールの導入も検討されるべきである。

さらに、公的な公園・緑地の整備だけでなく、緑をコミュニティの収益装置として位置づけた緑豊かな住環境の創出(図5-3の中庭型街区)が求められる。

公共交通を軸としたコリドー市街地に集積した住民が、郊外を上回る高いＱｏＬを享受することができるように、連続した緑と水の空間(街路樹・河川等の緑・公園緑地・自然緑地)をグリーンインフラとして整備・保全し、建物や街区のストック化に基づき居住環境の向上や良好な景観形成を図り、また潤いのある公共空間を中心としたコミュニティの再生が構想されねばならない。コミュニティを核としたソーシャル・キャピタルは、各街区がストック化されるための検討の基盤となりさらに各街区が競争し切磋琢磨し相互承認することで、都市全体が様々な個性に彩られたストッ

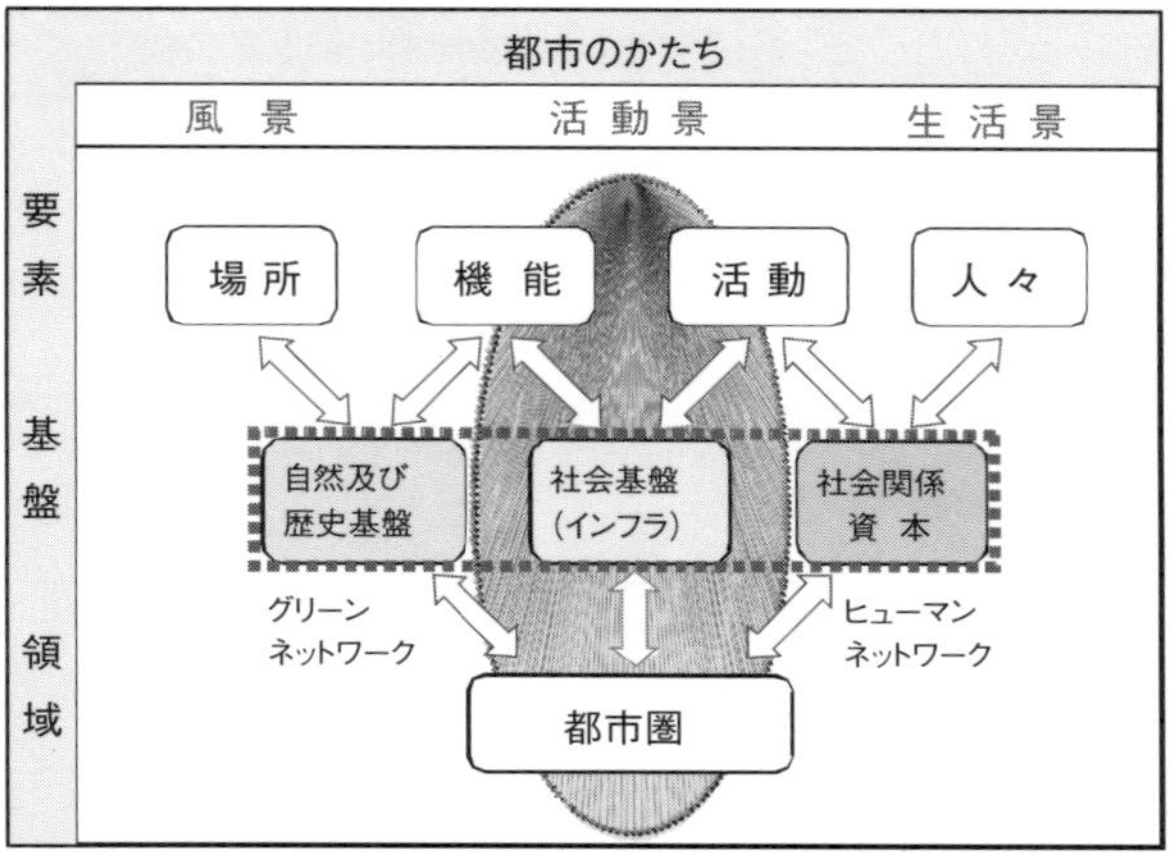

図5-2　都市をかたちづくる三つの基盤*1

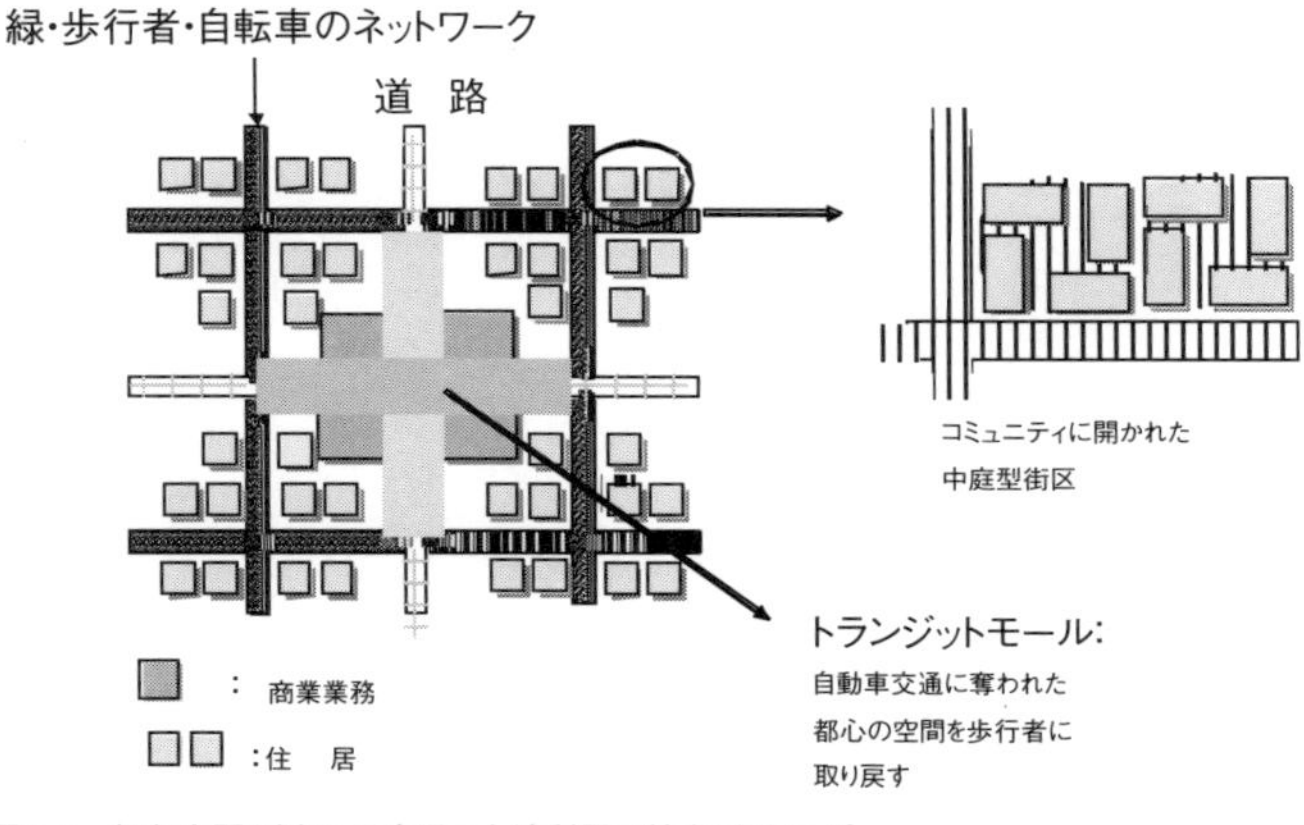

図5-3　都心空間を例とした交通と土地利用の統合デザイン*2

要素		共感性、共同志向性および可視性	
空間面	開放性	共感的	可視的
	連続性		
秩序面	一体性	共同志向的	
	調和性		
表象面	場所性	共感的	不可視的
	文化性		
制度面	柔軟性	共同志向的	
	参加性		

表5-1　空間の質（景観）に関わる共同創造性の要素[*3]

クとしてでき上っていくのである。

言い換えると、相互承認的な場にこそ共同創造性が生まれる。アーバンデザインに望まれるものは、質の高い公共空間を供給し、現存する近隣の特性を認識し、近隣の開発への文脈的対応を考慮するなどによるセンス・オブ・プレイス（場所性）の創出である。

公共性と秩序に基づく都市景観のあり方を考える上で、可視的な要素と不可視的な要素とにまたがる共同創造性の要素（表5-1参照）と構造を整理し、共同創造性の実現度という視点からストックとしての空間の質を評価するための方法論の構築が今後必要となる。

5-2　市街地の撤退・再集結の実現手法

【1】撤退・再集結のための施策手段

本書では、二一世紀の日本の都市が持続可能となるために向かうべき方向として、市街地のスプロール的拡大を抑制し、コンパクトでストック化されたコリドー市街地を形成する方向に転換する必要性を論じてきた。しかし、実際の都市はこの理想像とはかけ離れているし、放っておいてもその方向に向かう保証はない。したがって、この理想像を実現するための具体的プロセスを示しておくことが重要である。

このような主張に対し、実際の都市空間構造は市場原理の中で最適化されているから、今後もそのまま市場に任せておけばよい、つまり、コンパクト化した方がよいのであれば自然とその方向に向かうであろうという反対意見が出てくるかもしれない。しかし、これは余りに楽観的である。市場原理に任せて実現されている現在の日本の都市が、望ましい構造になっているとは言えないのではないかというのが、我々の問題意識であり、本書を著した理由でもある。人口増加・経済成長が続いた二〇世紀後半には都市をスプロール的に拡大してもその土地への需要があったが、縮小期においてこの発想を続けることは、ちょうど今の夕張市がそうであるように、取り返しのつかないダメージをもたらす恐れがある。むろん、夕張市のような状況に陥った都市が持続不可能となり自然淘汰されていくことで、長期的に都市・国土が適正化していくというシナリオも考えられるが、これはハードランディングにほかならず、その過程で多くの住民の生活基盤や地域の財産を損なうことが懸念される。

そこで我々は、それぞれの都市・地域がなるべく持続可能となりうるためのソフトランディング・シナリオとして、「撤退・再集結」の考え方を提案する。ここで「撤退」とは、1-3節で示したナチュラル・ハザードやソーシャル・ハザードの顕著な地区における都市的利用を中止するために住宅やインフラ供給などを制限することを、「再集結」とは、ナチュラル・ハザードやソーシャル・ハザードが軽微で既存ストックを最大限に活用すれば高いＱｏＬを得ることのできる地区に人口を移動させることを意味する。

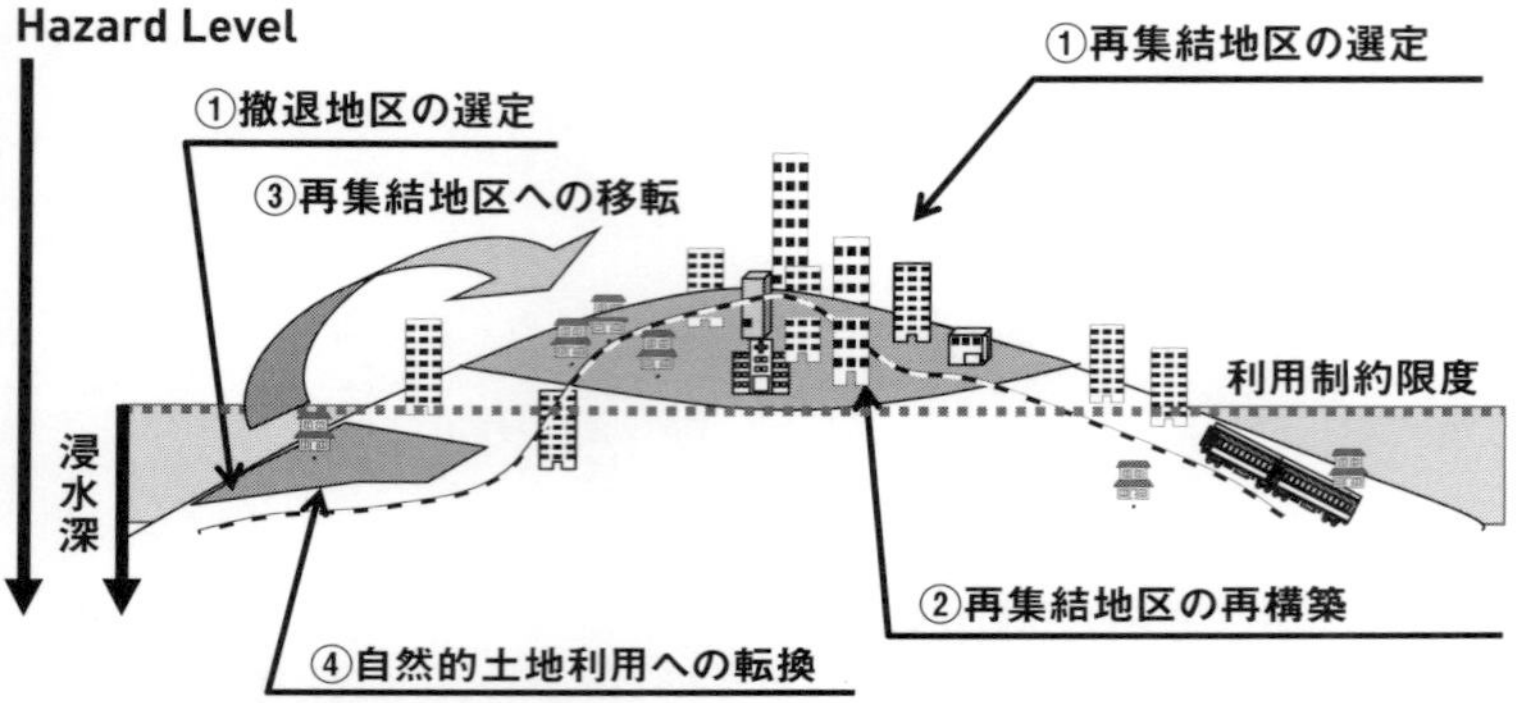

図5-4　想定する市街地撤退・再集結プロセス

撤退・再集結策実施のプロセスを図5-4に示す。現状の都市空間の中で、①撤退すべき地区および再集結すべき地区を選定し、②再集結地区が現状の都市空間ストックだけでは新たな人口を受け入れることが不可能な場合には空間の再構築を行う。次に、③撤退地区に居住していた住民が再集結地区へ移動してコミュニティを復元再生させ、④撤退地区に存在する建物などを撤去した後、緑地や農地、里山といった自然的な土地利用を復元する。

言うまでもなく、日本において以上のプロセスを短期にかつ強制的に実施することはほとんど不可能である。現実的には、住民の居住地移転や住居建替時期に応じて漸次移転が図られるような土地利用誘導を実施することによって、数十年単位で都市域を集約していくことが考えられる。日本では既存住宅の平均寿命が約三〇年しかないことから、単純計算では、撤退地域における建替や新規立地を認めなければ、三〇年間で半数程度の移転が生じることになる。しかしながら、この場合には、撤退地域における住民の反発が避けられないばかりか、撤退地域から移転することが困難な世帯が取り残され、居住環境が悪化する一方、市街地としての維持は行わなければならないため費用削減は見込めず、費用効率性が極めて低い状況に陥る、もしくは、移転を嫌うことにより、想定以上に撤退完了が長引く上に、

＜施策実施＞	＜付随する課題＞	＜現制度下で実施可能な対策＞ 法規制	補助金	＜限界＞	＜解決策のポイント＞
①撤退・再集結地域の指定	■立地をどう規制するか ■撤退後の土地の使用方法	図2（b）参照	→	・個別規制では規制の緩い計画空白地帯が残存	◆総合的土地利用コントロールの導入
	■合理的な選定方法 ■住民との合意形成	区域区分制度	→	・無秩序な土地利用を招き，財政負荷や環境負荷を増大	◆財政や環境の持続性を意識した理論的根拠に基づく選定法が必要
②再集結地域の再構築	■再集結を誘導しかつ住みやすい環境の整備	地区計画制度	→	・関係者全員の同意が必要なため時間を要する	◆都市再生緊急整備地域のように手続きの短縮を図る
	■再集結地域内の建物の新築・改築	→	建設費補助 改築費補助	・補助に限界	◆撤退・再集結による効果を事業費として還元する仕組みが必要
③再集結地域への移動	■撤退地域内の建物やインフラの撤去費用 ■住民の移転	→	移転補助金	・補助に限界 ・完全には移転を誘導できない	◆住宅取得に対する税制上の優遇 ◆住宅費補助
④撤退地域における自然環境の創出	■自然的土地利用への転換費用	→	→	・全額自治体が負担するには限界	◆自然環境への意識が高い市民と共同管理

図5-5　撤退再集結を日本の現行制度下で進めるに当たっての課題と解決策

当該地域の劣化が進む恐れもある。したがって、移転促進策の併用は必須である。

現行制度下における撤退・再集結実施に当たっての課題とその解決策を図5-5に示す。

まず大前提として、撤退・再集結地域の選定方法（図の①）には、理論的・数値的な根拠が必要である。都市空間の利用や維持に必要な社会的費用が増大してきていることを踏まえると、財政や環境面での持続性を意識した評価指標に基づいた合理的な選定方法が必要である。そのために、ＱｏＬや維持費用による市街地の評価が実用的に可能なシステムを整備し、それに基づいて市街地の「格付け」を行うことを考える。

格付けが低く、撤退地域に指定された市街地を緑地や里山として整備していくために活用可能な制度として、表5-2に示すように、都市計画区域内においては都市緑地保全法に基づく緑地保全地区制度と都市計画法に基づく風致地区制度が挙げられる。また、都市計画区域外にも適用可能な手法として森林

目的・対策領域等		制度名称
良好な 自然・農林環境 の維持・保全	都市計画区域内 のみに対応	緑地保全地区（都市緑地保全法） 風致地区（都市計画法）
	都市計画区域外 においても対応可能	農地地区（農業振興地域整備法） 保安林（森林法） 自然公園（自然公園法） 自然環境保全地域（自然環境保全法）

表5-2　自然保全のために現行制度で活用可能な土地利用規制・制度

法に基づく保安林制度等が挙げられる。しかしながら、現行制度のように個別法によって土地利用を規制すると、規制の緩い計画空白地域が残存する懸念がある。ドイツの土地利用計画における内部地域(Innenbereich)と外部地域(Aussenbereich)のように、計画空白地域が存在せず、明確な土地利用が行われる制度を導入し、撤退地域は都市的利用が認められない地域として指定する必要がある。

一方、再集結地域は、現状で格付けが高く、また新たな人口を受け入れることが可能な場合か、もしくは、周囲の街並みや風土と調和した住宅整備を軸に都市空間の再構築(図の②)を行って格付けの高い再生市街地をつくる場合がある。再構築を円滑に進めていくために活用可能な現行制度として、地域住民と行政が一緒になってまちづくりのルールを決めて実現していく地区計画制度等の活用が考えられるが、原則として関係者全員の同意が必要となり、また時間を要する。都市再生特別措置法に基づく都市再生緊急整備地域では、土地所有者の三分の二の同意を前提に都市計画決定・事業認可の手続の短縮が図れ、また既存の都市計画が適用除外となる。再集結地域においてもこのような手続緩和を行う一方で、地区計画の詳細については都市全体の計画との整合性を担保する手だてが必要である。

再構築等によって受け入れ準備が整った再集結地域に、撤退地域に居住していた人々を移転させる(図の③)ためには、前述のように何らかの移転促進策が必要となる。移転補助金の交付が最も直接的な施策であるが、多大な支出が必要となる。日本でもドーナツ化現象が問題となってきた大都市中心部などで以前から行われてきた、移転先での住宅費補助や、住宅取得に対する税制上の優遇といった制度も併せて整備し、人々が移転しやすい状況をつくることが必要となってくる。最後に、人が住まなくなった撤退地域を、都市的土地利用から自然的土地利用へ復元する(図の④)必要があるが、そのために必要な費用を自治体が全額負担するのは困難であるため、自然環境に対する意識や関心の高い市民の参画も得ながら、緑地や里山などの保全・管理を行っていくことを考えるべきである。

以上からもわかるように、撤退・再集結の実施には多大な投資と市民の協力が必要となる。これをまかなうために、撤退・再集結を通じて得られる経済・環境両面にわたる長期的効果を定量的に把握し、それを事業費として還元させる仕組みの整備が必要である。具体的な方法として、アメリカで一般的に導入されているＴＩＦ(Tax Increment Financing)やＢＩＤ(Business Improvement District)のような、将来の価値増加を担保に債券を発行する仕組みが考えられよう。

【2】撤退・再集結場所特定の例

それでは、現在の都市のどこから撤退を行い、またどこに再集結するべきであろうか。一言で言えば、ＱｏＬが低く維持費用が高い土地から撤退し、その逆の土地へ集結することが望ましいことになる。このうち、市街地維持費用については、1-3節において試算例を既に示した。しかし、ＱｏＬは各個人の価値観によって決まるものであり、一元的評価は容易ではない。本書では、筆者が提案しているＱｏＬ指標を用いて、1-3節と同じく長野県飯田市におけるＱｏＬ値の分布と、撤退・再集結すべき地点を示した例について簡単に説明する。

評価要素		指標
交通利便性（Accessibility:AC）	①就業利便性	企業へのアクセシビリティ（魅力度:従業者数）
	②教育・文化利便性	高校・美術館・博物館・図書館へのアクセシビリティ（魅力度:生徒定員,延床面積,蔵書数）
	③健康・医療利便性	病院へのアクセシビリティ（魅力度:病床数）
	④買物・サービス利便性	大規模小売店舗へのアクセシビリティ（魅力度:延床面積）
居住快適性（Amenity:AM）	⑤居住空間使用性	1人当たり延床面積
	⑥建物景観調和性	建物高さのバラツキ
	⑦周辺自然環境性	緑地面積
	⑧局地環境負荷性	交通騒音レベル
安全安心性（Safety&Security:SS）	⑨地震危険性	損失余命
	⑩洪水危険性	大規模洪水発生時に想定される浸水深
	⑪犯罪危険性	年間街頭・侵入犯罪発生件数
	⑫交通事故危険性	年間人身事故発生件数

表5-3　本節で使用するQoLの構成要素と指標

ＱｏＬ指標の定義

都市内各地点のＱｏＬを決定する要素として、ここでは表５-３に示す三種類一二項目を考える[*4]。当然ながら、ＱｏＬに影響を及ぼす要素はもっと多様であるが、ここではＱｏＬ推計を簡便に行うため、データ取得や分析が容易であるものを選定している。むろん、本書で都市土地利用戦略にとって重要な三要素として扱ってきた「建物」「緑地」「交通」がいずれも反映するように配慮している。

・交通利便性(ACcessibility: AC)……各地点から、様々な利便施設までの「行きやすさ」(近接性)を合計したものである。施設として、①就業、②教育・文化、③健康・医療、④買物・サービスの四項目を扱う。費用が安く所要時間が短いところに多くの施設があるほどＡＣの値は高くなるものとする。当然ながら、交通手段を整備することによってＡＣは増加する。

・居住快適性(Amenity: AM)……各地点の状況によって決まる、その地点の「過ごしやすさ」を合計したものである。その要素として、⑤居住空間使用性(建物自体の住みやすさ)、

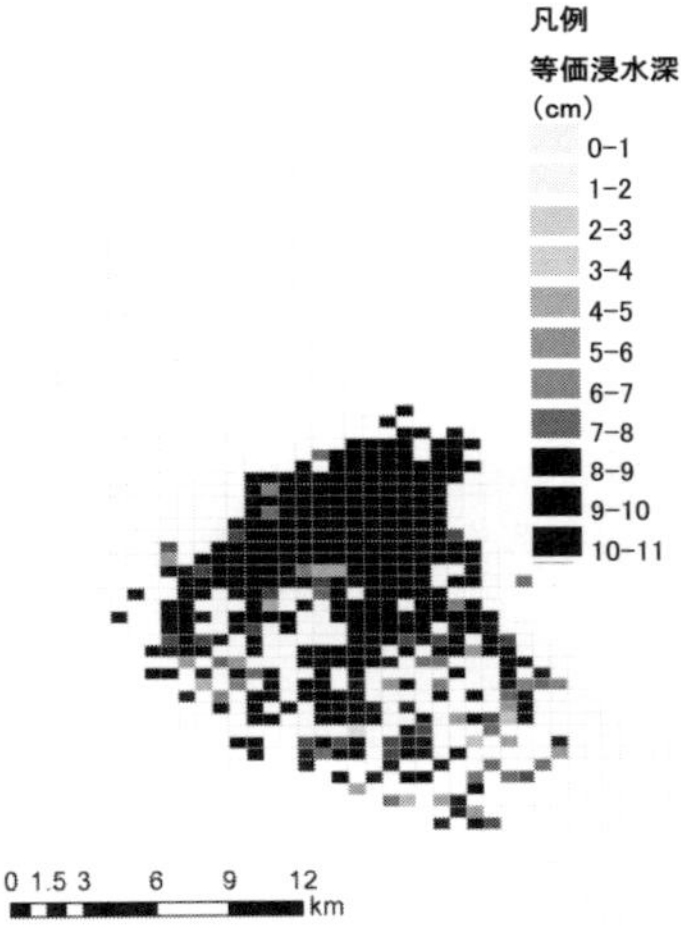

図5-6　飯田市のQoL評価（等価浸水深）

⑥建物景観調和性（建物群としての景観のよさ）、⑦周辺自然環境性（水と緑の豊かさ）、⑧局地環境負荷性（大気汚染・騒音といった局地的な環境悪化がないこと）の四項目を扱う。これらのうち前の二項目は、5-1節で論じた「街区ストック化」の度合いをごく簡略に表したものである。

・安全安心性（Safety & Security: SS）……各地点における、人災や天災に対する強さを表す。ここでは、⑨地震、⑩洪水、⑪犯罪、⑫交通事故の四項目の危険性を扱う。

これらの一二項目の値はそれぞれ、表5-3に示された指標で計測されると考える。その上で、市民の価値観を表すＱｏＬの各項目間の重みを求めるために、長野県飯田市において住民意識アンケートを実施した。その値（重み）は、年代別および性別の値としても算出することで、属性による価値観の違いを表すことができるようにした。さらに、ＱｏＬ値の単位としては、洪水危険性を表す「大規模洪水発生時の想定浸水深」に、重みを用いて他の要素をすべて換算することとした。このことにより、ＱｏＬが1-3節で示した「等価浸水深」として表されることになり、「ソーシャル・ハザード」の負値として扱うことができる[*5]。

ＱｏＬ値の算出結果

以上のように定義したＱｏＬ指標を用いて、飯田市の都市域を評価した結果を図5-6に示す。この値は等価浸水深であるため、値が大きいほど水深が深く洪水の危険が高い、すなわち洪水危険性に換算されたＱｏＬ値

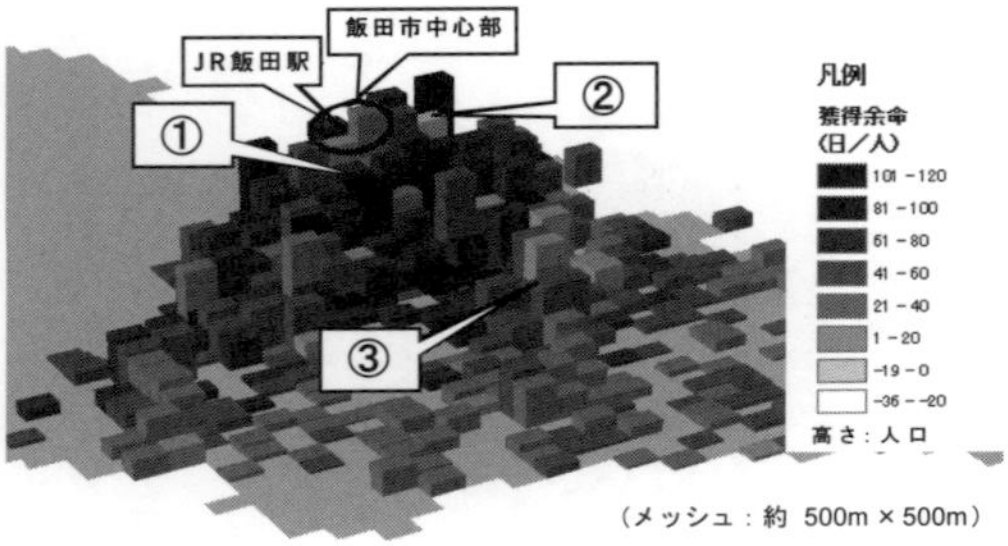

図5-7　QoLと人口

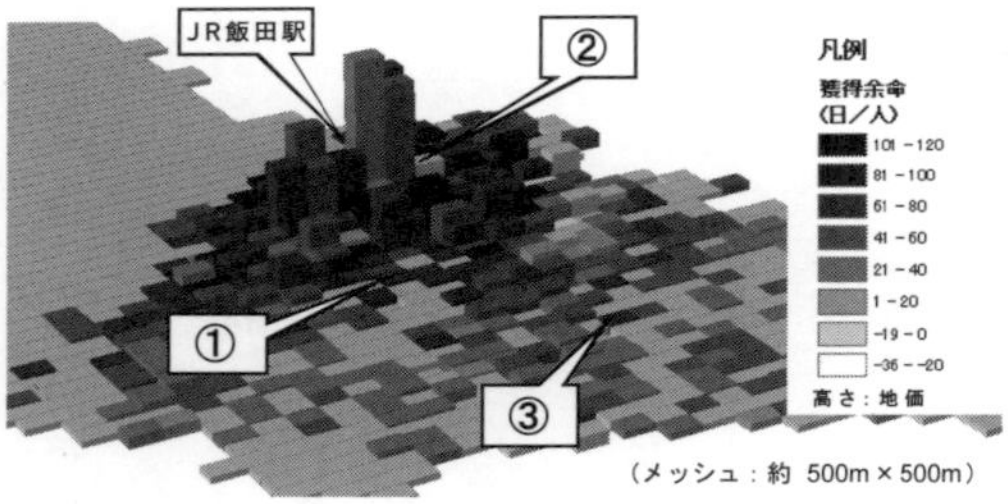

図5-8　QoLと地価

が低いことになる。結果としては、中心部もＱｏＬ値が高いところがあるものの、郊外部にも高い地区が広がっていることがわかる。これは、道路整備によって交通利便性（ＡＣ値）が大きくなっていることと、住宅が広く自然に近接しており、周辺環境もよいために、居住快適性（ＡＭ値）も大きいことが理由である。

図の中で、浸水深の小さい（ＱｏＬ値の高い）①〜③の地区に着目する。まず地区①は、一九八四年に飯田市と合併した地区であり、近隣地区とともに集落を形成している住宅地である。近年区画整理が進み、街並みが整然としている。地区②は旧官庁街であり、図書館・博物館・高校・病院などが集中し、社会資本が充実している。地区③は周辺部に位置し、以前は駅前の商店街を中心に栄えていたが、やや離れた地区にバイパスが整備され、そちらに多数のロードサイドショップが立地したことにより、近年は商店街が衰退している。これら三地区は、いずれも旧集落の中心地である点で共通している。つまり、ＱｏＬ向上を目指した土地利用変化策の方向性として、もともとあった集落の中心地を核としていくことの有効性が示唆されている。

さらに、QoL値と実際の人口分布・地価との関係を見るために、QoL値を色の濃淡で、人口もしくは地価を高さとして表示した図が図5-7および図5-8である。QoL値の高い地区に人口が多いわけではないことが見てとれる。一方、QoL値と地価との間にはある程度の関係が見いだされるが、これについても必ずしも一致しているわけではないことがわかる。

撤退・再集結地区の選定

ここでは、撤退地区および再集結地区を選定するための指標として、それぞれ次の式を用いる。

S値＝QoL値／市街地維持費用

ΔS値＝(QoL値の変化量)／(市街地維持費用の変化量)

撤退地区は、費用当りQoLが小さい場所を選定する。また、撤退した住民の再集結先は、その住民が居住するために必要となる追加的な市街地維持費用の増加に対して、QoL増加が大きい(あるいは減少が小さい)場所を選定するのである。

まず、撤退地区を選定するためのS値の算出結果を図5-9に示す。QoL値は都心部だけでなく郊外部にも大きいところがあったが、市街地維持費用は全体的に郊外部の方が大きいため、S値は都心部の方が大きくなり、郊外部は都心部に比べ撤退すべき順位が高くなっていることがわかる。特に、全メッシュ中で六メッシュのみS値がマイナスの値を示しており、そのうち三メッシュは人口密度が低いため、撤退地区の第一候補として考えられる。

次に、再集結地区として、ΔS値の大きい地区を選定する。ここで利用しているQoL指標は

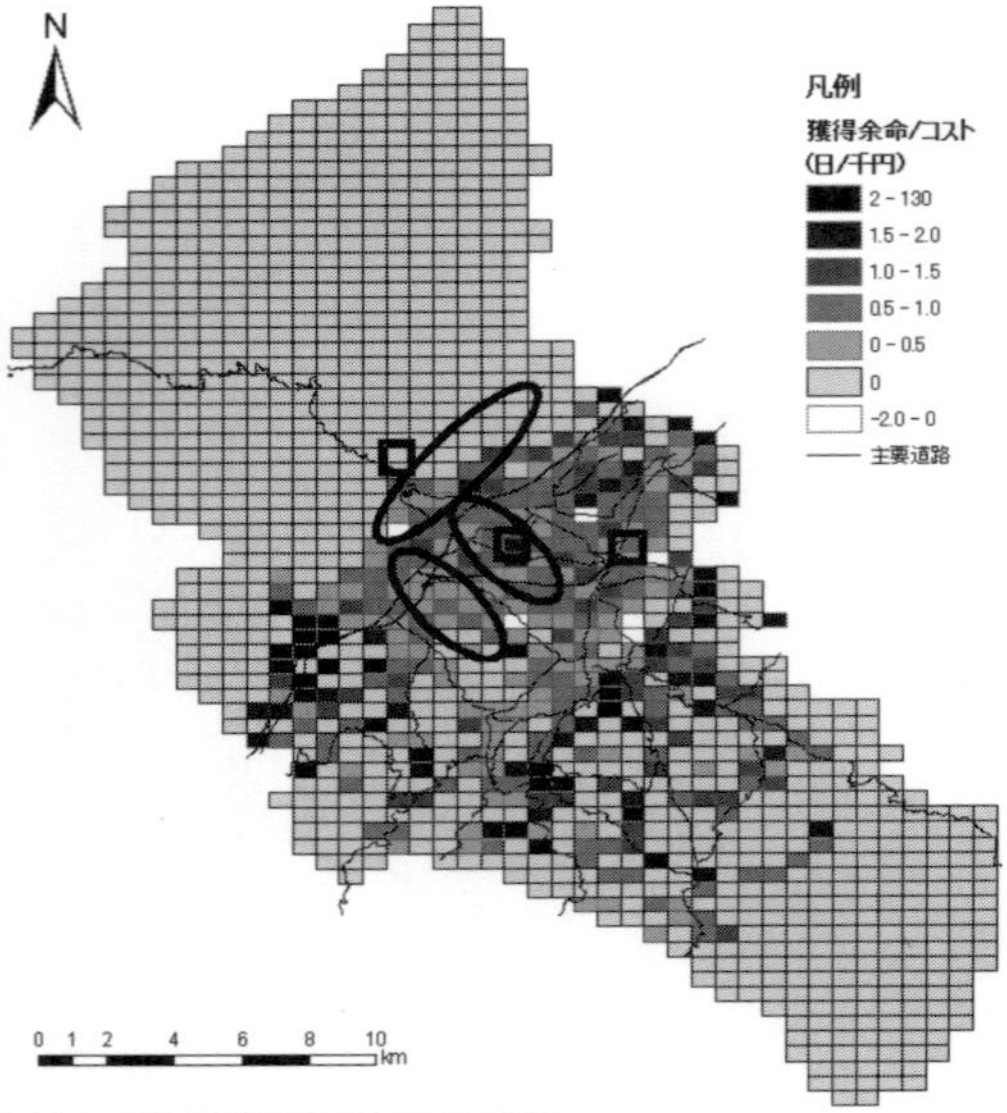

図5-9　S値（撤退優先度）の算出結果

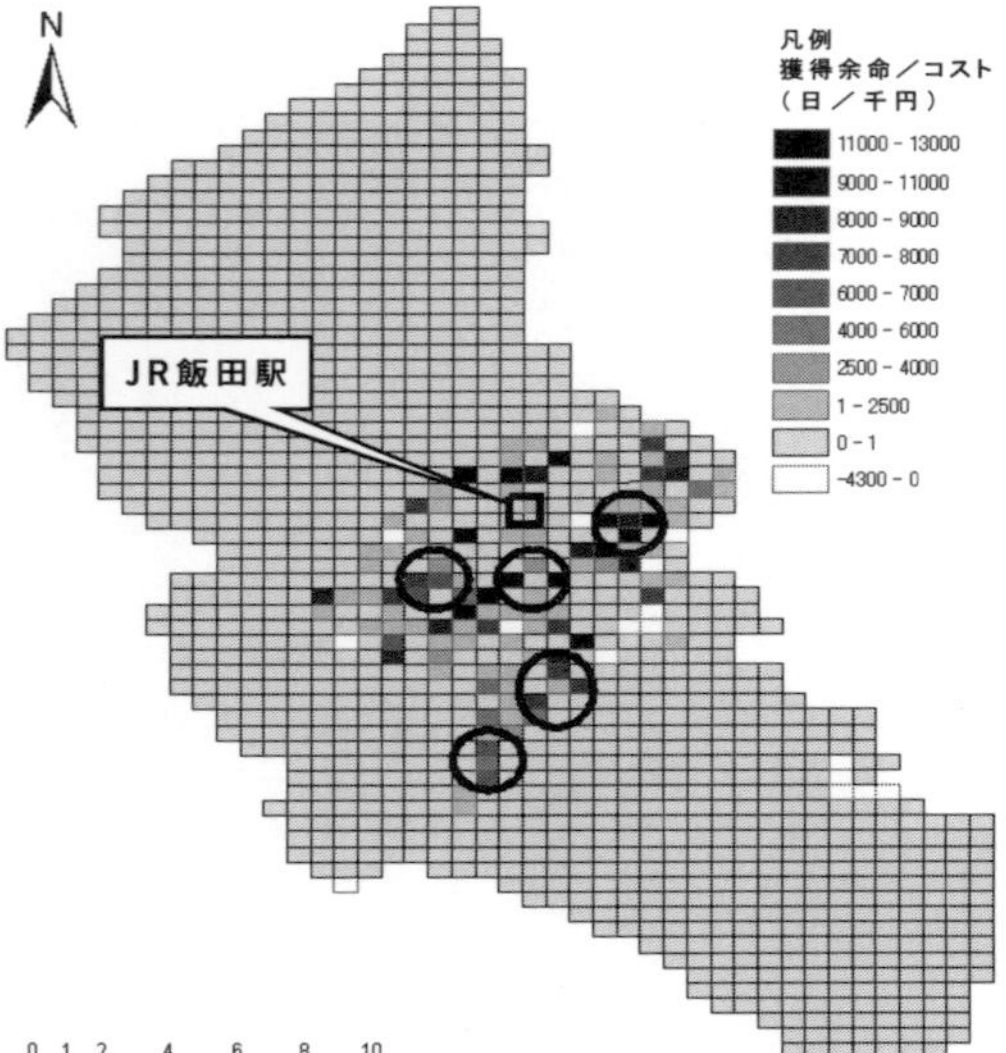

図5-10　ΔS値（再集結優先度）の算出結果

世代別・性別で計測することができる。したがって、ΔS値は、人口増加の世代・性別内訳によって変化する。また、人口増加に伴うＱｏＬ値や市街地維持費用の変化量は、再集結先の状況によって左右される。そこで、一〇代から七〇代の各世代の男女各一〇人、合計一四〇人の人口増加が起こった場合のΔS値を算出したのが図５-10である。図の中で、特にΔS値が高い地区を五カ所、〇で囲んでいる。これらの地区はいずれも、飯田市が合併してできる前の旧町村の行政・商業の中心地付近であった。

以上のことから、郊外に広がった新市街地の中でも密度の低い地区から撤退し、旧来からあった集積地区に再集結することで、多極集約型の市街地を目指していくことが、ＱｏＬが大きく維持費用の小さい都市空間構造に向かう方法であることが示唆される。さらに、これらの多極集約型市街地を公共交通で結ぶことによって、CO_2の少ない交通システムを実現することもできる。

5-3　撤退・再集結実現のためのパッケージ

【1】撤退・再集結を進めるための方策

前節で、ＱｏＬや維持費用によって、市街地の中から撤退地区・再集結地区を見つけ出す手法を提案するとともに、日本の現行制度でそれを進める施策について整理することができた。しかし、行政が土地利用を自由にコントロールすることができない以上、実際に撤退・再集結を進めることは容易ではない。撤退・再集結という全体的目標と、個人がどこで生活・生産活動を行いたいかという個別的目標との齟齬がここに現れる。

では、各個人が撤退・再集結の方向に立地を変更していくためには、どのような計画手法が考えられるであろうか。まず思いつくのは規制的手法としてのいわゆる「線引き」であろう。現行の都市計画法でも、市街化区域・市街化調整区域、その他、地域地区指定を活用することで、撤退・再集結を促進することは十分可能である。しかし、実際に線引きを行うことは容易ではない。

地方都市では、市街化調整区域指定が行われていないところが少なくない。指定されてしまうと地価が下落してしまうため、地主の抵抗が強いことが原因である。むしろ現状では、農振法(農業振興地域の整備に関する法律)による農用地指定の方が、市街地拡大に効果を発揮していることが一般的である。しかし、これも都市計画的観点から都市域のマネジメントを行うための規制ではなく、地主の農業に対する意欲が強いことが前提となった指定である。

次に、給付手法として、撤退地区から再集結地区に移転する人に補助金を出すことが考えられる。撤退地区で建て替えや住み替えを考えている住民に働きかける制度として有効ではある。しかし、補助金の財源を捻出することが必要となる。この補助金は、将来的に都市域がコンパクトになることによって得られる社会的便益を原資とすることが合理的であるといえるが、これが機能するためには、投融資システムを新たに設ける必要があり、またそこに投資する人や企業も見つける必要がある。実際問題として、これはリスクの高い投資であり、単純に民間金融で調達することは容易ではないと考えられる(財政投融資資金はまさに、このような場合にこそ活用されるべきものであったはずである)。

合意的手法はもっと困難であろう。撤退地区の住民にとっては、自分の土地の資産価値がなくなり、移転を余儀なくされるのは耐え難いことであり、これを補償する仕組みなくして移転させることは考えられない。いかに移転のための条件を整えるか、移転先市街地のストック化や緑地整備を進めるかといった局面において、合意的手法の活用が期待されよう。

では、移転を促進するためにはどのような追加的方策が必要であろうか。筆者は以下の三点を挙げる。

① 居住環境保証街区としての再集結地区の構築
② 税制による立地誘導
③ インフラ、特に公共交通の集中的な整備

このうち③については、既に4-3節で説明した。次節以降で、①および②について詳しく説明する。

【2】居住環境保証街区

居住環境保証街区とは、その内部では景観をはじめとしてQoLが長期にわたって保証されている街区のことを意味する。

3-3節で取り上げたパリ市内は、街区単位で多数の土地所有者が合意の上で中庭式の建物を建てており、さらに階高がどの街区もそろっているため、全体として非常に整った景観が形成されている。これは、パリが厳しい建築規制の中で、収容人口を最大化しながら魅力的な居住環境を形成するために編み出した知恵の結実である。多くの街区は二〇〇〇年前後も前に建築され、今日の市民の価値観にも耐えるものとして残されてきている。結果としてパリには多くの人が住みたいと思い、建築規制ギリギリで建っているため、建物群がそろうことになる。建物群の賃料は高く、床需要を十分まかなえない状態であるものの、逆に限りある土地・建物・空間を大切に使おうというインセンティブを生む。東京など日本の都市では、実際の容積率が法定値に比べて相当余裕があり、都心部で高層のオフィスビルやマンションと一戸建て、そして青空駐車場などがバラバラに建ってしまっていて、その都市景観はパリとは全く異なり、美しい風景が整備され維

持し続けられるような状況にはない。

少子高齢化などによって経済活力を維持するのが既に困難となってきている日本では、再集結地区を選定しそのクオリティ・ストック化を図り、それを維持していくシステムを今こそつくり上げ実行に移す時である。すなわち、個別建物の景観や居住快適性、安全性だけではなく、建物と庭などのオープンスペースを含む街区空間全体で、緑、景観・温度などの快適性、地震・火災時や犯罪などへの対策が施された安全安心が保証され、しかも維持費用や環境負荷も小さくて済むような「居住環境保証街区」が形成される必要がある。むろん、このような街区では、頻繁な建て替えが起こらないよう、長寿命で互いに調和のとれた建物群が建築される必要があることは言うまでもない。これによって、風格ある市街地を将来世代の社会資産ストックとして残すことができる。

このような街区を実現するためには、街区内で協定をつくり、それを地権者が守ることが必要になる。このような協定を促進するインセンティブとして考えられるのは、前に述べたように、街区の質を格付けし、これが地価や家賃に反映する仕組みをつくることである。しかし、それだけではなかなか機能しないかもしれない。ドイツのBプランは、街区のデザインを厳しく計画で定め、それがないところでは開発を認めないという仕組みが採用されている。もちろん、計画策定には地権者や住民が全面的に関わり、合意が得られたものが計画となっている。これは一つの方法であるが、これだけでは合意が得られるまでに時間がかかる可能性がある。したがって、居住環境保証街区とするための計画策定を行ったところには何らかの支援措置を行うことが必要となるであろう。補助金はもとより、固定資産税や居住者の住民税を下げることも考えられる。広い地区全体として容積率を低くしておき、計画がある街区にはボーナスを与えることができれば、原資がなくともインセンティブを働かせることが可能である。

【3】土地の再有効活用によって社会全体の利益を最大化する土地制度

個別性を尊重しつつ全体としての調和を保つ土地利用計画を実現するためには、個別利益を追求すれば得をするシステムから、各個人が社会全体の利益をもたらす行動をすれば得をするシステムへの変革が必要である。そのための原理として参考になると筆者が考えているのが、孫文が提唱した「平均地権」という制度である。

この制度の理念は二つしかないシンプルなものである。一つは「地尽其利」、土地はその利益を尽くせ、という意味である。もう一つは「地利共享」、土地から得られた利益は共に享受しよう、という意味である。すなわち、土地を最有効利用することで膨らんだ生産力をみんなで公平に分かち合うという発想である。そのためには次の五つの段階が必要であると孫文は述べている。

その第一は「整理地籍」である。訓政時期すなわち、農耕経済から商工業経済に移る時期になると、自らが耕して自らの土地の生産性を上げる以外にも、自分は何もしなくても、隣の土地に商店が立地したり、鉄道が敷かれて便利になったりすると、それだけで自らの土地もその価値が上がってしまう、いわゆる不労利得が生じる。そういう時代になるまでに地籍をきちんと確定しておく必要があるという主張である。次に、地籍を確定したらそこから税金を取ることができる。その際、地価を自己申告させるのである。これを「申報地価」という。そして「照価徴税」、すなわち、申告した地価に照らして地価税（土地保有税）を徴税することを意味する。こうすると、当然ながら地価を低く申告することが考えられるが、一方で「照価収買」（申告価格で地方政府が買い取る権利を持つ）条項を加えているため、あまり低くは申告できない。結局のところ、土地の収益力に応じた価値を申告するのが合理的である。このように、上と下で上手に挟み撃ちをしていて、しかも自分で申告するため、だれにも文句を言えないという面白い方法である。そして最後の条項が「漲価帰公」、これはいわゆるキャピタルゲイン税（土地の譲渡益に対する課税）を徴収し、社会建設に充てるというものである。ここでキャピタルゲインは、地主の努力以外での地価上昇要因、つまり開発利益を指す。社会建設とは、①育児救貧、②国民教育、③国民住宅、④社会資本の四つの充実のことを指す。開発利益に課税することによって得られた収入によって、いわゆる福祉から住宅供給、そして社会資本整備までをまかなうことで、社会全体に土地生産力向上の効果を還元することができるのである。

平均地権の考え方は、撤退・再集結の促進策として重要な示唆を与えている。ソーシャル・ハザードが高い土地（撤退地区）を持続するためには長期的な維持費用が多くかかるため、より多くの地方行政サービス費用を要することから、その対価である固定資産税や都市計画税の税率を高くしそれを所有者が負担することが合理的であると考えられる。再集結地区はこの逆となる。居住環境保証街区となった地区については、さらに優遇措置を講じる。このとき、居住環境保証街区とするための協定は行政の支援のもと、地区自身が策定し公表する。その上で、中立機関による街区の格付けが行われる。これを実施するためには、税率の根拠となるソーシャル・ハザードについて、本書でも試みているような科学的・客観的な説明が重要となる。

一方、撤退地区からの移転を促進するためには、何らかの補償措置を設けることが必須である。

撤退後は市街地としては利用されず、緑地や農地等になるため、公共によって土地が買い上げられることになるが、その際の価格が低いと、再集結地区に移転するための土地購入費を負担することが困難になってしまうからである。これについては都市全体で負担する形をとることが必要である。これは、再集結地区に集まることで都市がコンパクトになり、また水と緑の空間が新たに捻出されることによって住民全体が得られる便益を一種のキャピタルゲインとして還元することを意味する。

以上の仕組みに似ているのが、近年日本で実施された自動車関連税のグリーン化である。これは、自動車税および自動車取得税について、燃費が良く大気汚染物質の排出が少ない車両については減課する一方、使用年数の長い環境に大きな負荷をかける車両は増課するというものである。これは、車両購入・所有について規制をかけているわけではない。単に、買い換えるなら環境負荷の低い車を選ぶ方が少し得をするということにすぎない。しかし、このような課税ルールを設定することによって、消費者はこぞって低燃費・低排出車両を購入するようになり、その需要を追うようにして自動車メーカーは競ってその開発を行い、車両の改善が飛躍的に進んだのである。この時、自動車購入者も自動車メーカーも損をしていないというのがポイントである（政府にとっては低燃費・低排出車両の普及が予想より早かったため、改正初年度に税収が減少するという痛手があったが）。また、課税のルールには、改正省エネ法に規定された燃費達成目標が用いられたため、その目標達成に向けた動きが生み出されたことになった。

撤退・再集結でも全く同様のことが考えられる。ソーシャル・ハザードの高い撤退地区ではその維持費用がかかるので、相応の負担を固定資産税の増課によってまかなってもらう。しかし、もしソーシャル・ハザードの低い再集結地区に移転するのであれば、その補償をするとともに、格付けの高い移転先では住民税や固定資産税が安くなる。このようなルールによって、土地や環境の資源が保全され、各街区の品質が保証された持続可能な都市域が次第に形成されていく、という土地システムの確立こそが必要である。

このような政策によって、人口が中心市街地に戻り、郊外市街地の維持費用が削減されて都市財政が改善するとともに、世帯当りの公共投資負担率が下がり、家計負担を救うことにもなる。都市が崩壊しないための戦略と政策群は、種々考えられねばならないが、重要なのは、従来のような個別の敷地ごとに利益を追求した方が有利な社会制度体系から、前述のように社会の利益を向上させる行動を誘導するホリスティックな分析とそれを実現する制度体系を構築していくことである。

国のかたちは、将来世代の価値観に耐える街区が順次つくられていくことによってのみできる。これは、大都市ばかりか、むしろ中心市街地荒廃が著しい地方の中小都市、町村に最も必要な処方箋である。そして、年金、社会保障、公共投資などへの個人・政府の財政負担制約、地球環境制約を満たしつつ、将来世代が必要とする生活の質を保証する国家戦略として位置づけられるべき戦略なのである。

参考文献

＊1　土井健司、中西仁美、杉山郁夫「広域ブロック再生へのプレイス・マーケティングの適用性：オーレスン地域を例として」、『土木学会論文集D』Vol.63, No.4, pp.536-552, 2007

＊2　Sugiyama, I., Kuroda, K., Doi, K., Nakanishi, H. et al.: A Rating system for realizing sustainable urban space with a focus on quality of life and quality of space, Selected Proc. of The 2005 World Sustainable Building Conference, 2005.

＊3　樋口綾、土井健司「共同創造性に基づく道路景観の評価手法に関する研究」、『土木計画学研究・講演集』vol .36, 2007

＊4　加知範康、加藤博和、林良嗣、森杉雅史「余命指標を用いた生活環境質（ＱＯＬ）評価と市街地拡大抑制策検討への適用」、『土木学会論文集Ｄ』Vol.62, No.4, pp.558-573, 2006

＊5　加知範康、加藤博和、林良嗣、山本哲平「等価浸水深指標を用いた都市スプロールの評価」、『日本不動産学会平成一八年度学術論文講演会概集』No.22, pp.117-122, 2006

補章

現行都市計画が抱える問題点

①任意的計画

都市計画は、都市内諸活動にとって義務的な計画ではない。道路や鉄道を整備するのに必ず都市計画が必要だとされてはいない。端的にいえば、事業区域内の建築制限と事業段階での土地収用権がほしい場合に、初めて計画決定すればよい。都市施設についていえば、法律は「必要なもの」を都市計画に定めると規定しているにすぎない（一一条）。必要性の判断はもっぱら計画権者が行う（計画裁量）。学校、病院、電気供給施設など都市において必要な施設がメニューとして掲げられてはいるが、実際には街路、公園、下水道が定められているにすぎないことはしばしば指摘されている。他方、土地利用系の計画である地域地区については、建築基準法など規制法によって計画が義務付けられている。

交通施設について都市計画が任意的であるという点は、公的広域施設と私的土地利用の調和の問題に統一的な場を与えないという意味において複雑な状況を現出している。

②全体的統一の工夫

都市計画の計画主体は都道府県と市町村であり、これに国が国法を制定し、その運用につき一定の介入権を持つということになっている。ここで、三者の意思の調整は十全であろうか。

三者の分担は具体的に法律および政令に定められている。例えば広域の見地から決定すべき都市施設または根幹的都市施設（四車線以上の道路、一〇ヘクタール以上の面積の公園など）は都道府県とされている。その上で法律は、市町村計画と都道府県計画が抵触する場合には後者が優先すること（一五条四項）、大臣は国の利害に重大な関係がある事項に関し指示権を持ち、さらに自治体が指示された措置をとらないときは自ら当該措置をとることができるとしている（二四条）。また、市町村は一定の計画につき都道府県に協議をし、その同意を得ることとされ、都道府県は同様に大臣と協議し、その同意を得ることとされている。広域団体優先主義により、計画の統一調和を図るものとしているのである。

しかし、いかなる場合をもって「抵触」というのかは明らかではない。「協議」においてもあえて対立点を出して討議するようなことは行われていないであろう。これは、都市をいかなる性格のいかなる形態の都市にするかについて三者の意思が異なることを判別できるほどに、計画に具体的な都市の姿を定めることは行われていないからであろう。計画は現実の動き（市場の趨勢）に追随する形で、かつ、自己が責任をもって実現できるかどうかに関わりなく（事業や施策の権限にこだわらず）、やや無限定に定められるから、三者の鋭い抵触や調整の場面はみられないのである。都道府県が定める「都市計画区域の整備、開発および保全の方針」（都市マスタープラン）も、それによって直ちに統一調和が予定されるような性質のものではない。

都市計画のこのような性質は、根本的には、自由主義経済下の計画として公権力介入が制限され、現状追随型にならざるを得ないことに起因する。しかし、大きな変革を要し、市場がこれに対応できないときは、通常の計画を超えて積極型計画が必要となる。国、都道府県、市町村のどこがどのようにこの変革を理解するかによって、対立が生じ、協議に内実が備わることになるはずである。

③ 参加の理由と範囲

計画手続は、計画の合理性を担保するための重要な条件である。特に諸利害調整のための参加手続が、合意的手法の中心的な手続として重要である。

都市計画法は、計画案の縦覧の際に意見書を提出できる者や地区計画につき提案できる者を関係市町村の「住民または利害関係人」とし、都市計画一般につき提案できる者を「土地所有者等のほか、まちづくりの推進を図る活動を行うことを目的として設立された特定非営利活動法人（NPO）もしくは公益法人またはこれらに準ずるものとして地方公共団体の条例で定める団体」としている。住民および利害関係人とされているから、参加の範囲が特に狭いということはないであろう。住民でない者が学問的観点や何らかの主義主張により計画に対して意見を述べることは想定されていないが、これらはむしろ審議会手続において考慮されるべきものであろう。また、これらの意見は、提案制度を通じて提出する余地がある。

広域交通計画と狭域土地利用計画との調整に当たっての参加者の範囲および参加の程度については問題がある。利害関係者の範囲に広狭の差があるほか、利害の性質に質的な差があるからである。しかしこの場合も、基本的には関係者すべての合意の下に計画が進められることが望ましいのであるから、やはり協議を通じて利害調整をしていくほかかない。

従来の協議においては、狭域土地利用における生活環境の側面からの住民の反対意見に対して、広域的観点からの不特定多数の利益は行政主体がこれを代弁していた。この結果として生じた住民対行政という対立の構図を消極的に評価する必要はないが、同時に広域交通の必要性を主張する人々の主張も直接協議の場に登場するよう工夫する必要があるだろう。不特定多数者の広く薄い利益の集合は、やはり行政が代弁することが必要であろうが、行政は一方で、公正中立でなければならない。そこで、同じ行政でも、広い利益を代弁する役割を果たす役職（主張官）と公平な判断をする役職（審判官）とを明確に区分して協議の場を構成するような工夫も必要だろう。意見交換、協議の方法にも工夫の余地がありそうである。相互の妥協に向けた議論の方法につき、経験を積み重ねることも重要であろう。

一般住民や利害関係人の意見がどのように扱われるか、合意に向けてどのような工夫がなされるかという一歩先の段階についても問題がある。提案制度は平成一四年に導入されたもので、行政側には、理由を示して返答する義務がある。ここでも、単に返答すればよいというものではなく、そこに至るまでの協議プロセスが重要である。とりわけ提案を基礎に原案を変更するときは、変更内容について十分協議する必要がある。

参加の主たる理由は、都市計画の内容が多かれ少なかれ生活に影響を及ぼす点にある。影響の程度などを狭く限定する必要はない。都市計画への参加が実質化する傾向は訴訟にも現れるに至っている。最高裁判例によれば、都市計画決定は訴訟の対象にならないとされているが注1、都市計画事業段階に至れば、事業計画認可承認を対象としてその取消訴訟を提起することができる。取消訴訟を提起することができる資格（原告適格）は、行政過程への参加の場合と違って一定の限界がある。ただしこれも拡大の傾向がみられる。従来は事業地内の地権者に限られていたのが、最近変更され、事業地周辺の住民も原告適格を有することとなった注2。

参加についての問題としてもう一点挙げられるのは、参加しない者の問題である。彼らの意見は政策に反映されなくともよいとはいえない。声なき声をきくことの必要性は民主主義において重要なことである。また、客観的な調査研究によっても補う必要がある。全体からみれば一部の参加協議による合意が、合意の名の下に全体を律するという危険の認識が必要である。

④廃止変更のルール

都市計画法には計画の廃止変更に関する規定が置かれている。しかし、当然のことではあるが、いつ・いかなる基準によって廃止変更するかは定められておらず、計画策定者の裁量に任されている。例えば都市計画街路において、長期間事業化に至らないものが多く、放置した間に建築制限だけはかかるので、紛争が生じている。補償を要しないかという問題も生じる注3。

最近では公害、薬害などの分野で、行政の権限発動を求める動きが活発化している。都市計画でも例外ではない。参加手続を充実させてこれに答えようとする立法政策も起動しつつある。当面、手続的対応で適正変更を担保していくことが考えられるが、より根本的には、計画権者の運用上の判断を的確化する必要があろう。都市計画法二一条は、基礎調査等により計画変更の必要が生じたときは当該計画を「変更しなければならない」と定めている。この規定を都市の変化発展に関する調査と結びつけ、いかに運用するかに意を用いる必要がある。時代の大きな変化があって、計画の変革が必要とされるときはなおさらである。このような観点から、都市計画決定後一定期間経過後にその見直し決定をする制度を導入することも考えられよう。

⑤調査技法の問題

計画手続は参加手続だけではない。計画の客観性・科学性を担保するための手続(調査手続、審議会手続）、情報提供手続（縦覧、説明会、通知、文書公開）も重要であり、これら全体を適切に組み合わせて計画手続を構成する必要がある。

ここでは調査手続を取り上げる。計画は、現在の必要と将来の必要とを考慮して作成されなければならない。将来の予測は計画の基本要素である。人口にしても用途別土地面積にしても、どのように推計し、設定すべきか。様々な要素を総合勘案して行われるから、そこに計画作成者の専門的技術的裁量の余地、すなわち計画裁量が認められる。予測法には大きく趨勢型推計と目標型推計がある。まずは過去の実績から単純に線を引き伸ばして趨勢型の推計をするが、次にその推計を可能な限り変化させて計画の目標数値を設定することは計画の基本的要請である。都市計画のように権利規制を伴う計画にあっては、推計目標値設定は慎重でなければならないが、かといって趨勢型しか許されないものではない。趨勢型と目標型のかねあいやバランスのとり方を一義的に明確化することには大きな困難がある。この困難が、計画をめぐる紛争の原因となる。最近の判例に、都市計画法の基礎調査のあり方が不合理だとして、後続の建築不許可処分を違法だとして取り消したものがある。抽象的に計画裁量を認めるのではなく、裁判所が調査の内容まで踏み込んで人口推計の合理性を判断している点で注目すべきものである注4。この判決では、単純推計型への傾斜がみられ、目標設定型推計への配慮が薄いという問題点があるように思われるが、いずれにせよ将来推計に限らず、計画の基礎資料となる調査技法の合理性確保のための工夫が一層必要である。

⑥ソフトウェア

しばしば指摘されているところであるが、都市計画法は都市施設に関して物的整備を定めるだけであり、施設の運営について語るところはない。しかし、鉄道や道路ではその運営こそが生活と密着する。病院、学校、廃棄物処理施設などの都市施設もその運営が一層問題となろう。都市計画法自体に施設の管理運営まで規定することは、行政の分担管理原則からして無理であるが、物的整備計画部門と施設運営部門との連携の必要性は一層高まるだろう。平成一二年の「高齢者、身体障害者等の公共交通機関を利用した移動の円滑化の促進に関する法律」（いわゆる交通バリアフリー法、その後、ハートビル法と合わせて、バリアフリー新法となっている）の制定、平成一八年改正の「中心市街地の活性化に関する法律」における、公共交通機関利用者の利便のための共通乗車船券による割引に関する規定の新設など、関連法規においてソフトウェアの取り込みが進みつつあるが、ハードとソフトの連携は今後一層大きな課題となる。

注1――『実定行政計画法―プランニングと法』有斐閣二〇〇三、二六三頁以下参照

注2――最大判平成一七年一二月七日判時一九二〇―一三（小田急線高架化事件）

東京都が事業者である小田急線連続立体化事業につき建設大臣が都市計画事業認可をしたが、当該認可の取り消しを求めて周辺住民が出訴したものである。事業地内の地権者が原告適格を有することは問題ないが、周辺住民が原告適格を有するかについて問題があった。これを審理する最高裁小法廷は、この点につき大法廷の判断を求めた。論点回付という。本件は、小法廷から論点回付されたものについての大法廷判決である。同じく都市計画事業認可についての最高裁判決で環状六号新宿線判決（最一小判平成一一年一一月二五日判時一六九八―六六）は、「個人的利益を保護する趣旨の都市計画法上の規定はない、原告主張の都市計画法一三条による都市計画と公害防止計画との適合規定ももっぱら公益的観点から設けられたもので原告適格の根拠にならない」として付近住民の原告適格を否定していた。一七年に至って本判決は、公害防止計画の性質などからすれば、事業に起因する騒音、振動等による健康または生活環境に著しい被害を受けないという具体的利益は原告適格の根拠になるとして、上記六号線判決を変更するとした。原告適格の拡大は、平成一六年四月

から施行された行政事件訴訟法の改正により、九条に第二項が新設され、これに基づき原告適格の拡大が図られたことも影響している。なお、この判決は原告適格の有無だけを判断する中間判決であり（最高裁事務処理規則九条四項）、実際に原告の利益が保護されるかどうかは終局判決によらねばならない。その後平成一八年二月二日に終局判決があり、行政庁に裁量権行使の逸脱濫用はないとして原告敗訴となった。

注3――最三小判平成一七年一一月一日判時一九二八－二五（都市計画法五三条建築制限事件）

六〇年以上にわたって都市計画施設（道路）の区域内の土地所有者が法五三条五四条による建築制限を受けてきたので憲法二九条三項による損失補償を請求したが判決は当該事案の事実関係の下では損失は受忍すべきものとされる範囲を超えたものではないとして請求を棄却した。

注4――平成一七年一〇月二〇日東京高判判時一九一四－四三（伊東大仁線事件）

建設大臣は、昭和三二年三月三〇日、都市計画道路伊東大仁線の都市計画決定をした。旧法時代の計画権限を新法により引き継いだ静岡県知事は平成九年三月二五日に都市計画法二一条一項により、上記伊東大仁線の一部一八〇メートル区間につき幅員を一一メートルから一七メートルに広げる計画変更をした。これは、同線が一三五号バイパスに接続する部分で右折車線を設置する必要と歩道拡幅の必要があるからであった。この部分の日交通量は平成二二年において四二〇〇台と推計されるところ、道路構造令により日交通量が四一〇〇台なら右折線が必要とされている。拡幅部分の土地所有者は、予定建築物の建築について知事に法五三条の許可を申請したが、不許可処分を受けたので、上記計画変更が違法であり、当該不許可処分を取り消すよう求めて出訴した。一審静岡地裁は請求を棄却したが、東京高裁は上記推計が合理性を欠くとし、計画変更決定が法一三条一項四号（現一一号）、一四号（現一八号）の趣旨に反して違法であり、不許可処分は違法となるとして原判決を取り消した。上記推計の不合理についてはかなり詳しい判断がなされているが、一つ挙げれば、将来交通量を沿道ゾーンの収容可能人口の残容量に基づき推計した点が問題とされた。判決時に人口は減少しつつあった。そして人口減少があればあるほど、収容可能な残容量は増え、したがって交通量が増えることになる点が不合理だとされた。都市計画の基礎調査（法六条）は、交通量の現況および将来の見通しについての調査をすることにはなっているが、いかなる方法で行うべきかにつき明文の規定はない。将来の見通しは、計画としては単に趨勢型ではなく、あるべき数値を目標値として掲げることもありうることである。計画の目標設定性に着目した場合には、判決が趨勢型を当然の前提としているようにみえる点は問題もあるといえよう。もちろんその目標値の推計の合理性は説明される必要があるが、

あとがき

厳しさの増す財政制約や環境制約等の中で、将来世代に引き継ぐことのできる都市ストックを構築するための時間は限られている。歴史的観点から国土・都市の存続基盤を問い直し、その維持修復を急ぐとともに、過剰な財政支出や環境資源の浪費を生み出してきた空間消費＝土地利用のあり方を見直すことが必要である。

本書においては、二一世紀の国土・都市の存続基盤を、建物群・緑地・交通システムが一体となったクオリティ・ストックと名付けた。その上で、建物群が一体的景観を形成するクオリティ街区および緑と公共交通のコリドーを骨格として、市街地の撤退・再集結を計る都市像（ビジョン）を提示した。これは、観念論としてのコンパクト・シティを超えて、普遍的な社会目的、地域社会に即したビジョンおよび具体的な実現手法を備えたものである。

都市は人々の価値観を反映してダイナミックに変化し、その過程で、スプロール、インナーシティ、さらには都市全体の疲弊という問題が連鎖的に生じた。今後どのような価値観変化が起ころうとも、それに柔軟に対応し都市を存続させていくためには、まず世代を超えて共有できるベーシックな価値観すなわちＱｏＬの明確化が必要であろう。クオリティ・ストックとは、現在のみならず将来世代のＱｏＬ（クオリティ・オブ・ライフ）を保障するものでなければならない。

わが国の社会資本論をリードしてきた中村[*1]によれば、社会資本の整備は、その内容において、社会の成立上不可欠な「必需型」、施設の質を一層良くするための「高質化型」、効率改善や環境改善を目論む「効率化型」、地域開発を目的とする「戦略型」、施設の老朽化に対応するための「更新型」という五つの型に分けて捉えられる。この類型のうち「必需型」のストックは概成されたとの見方が大勢である。こうした区分に照らすとき、本書が掲げたクオリティ・ストック化とは、一見「高質化」のごとき印象を与える。しかし、その本質は二一世紀社会の成立上不可欠な「必需型」であり、「戦略型」さらに「効率化」「更新型」にも対応する。クオリティ・ストック化とは、土地利用や空間形成の視点からこれまでの社会資本整備の総点検を要請し、とりわけ「必需型」の根本的な見直しを迫る概念である。

クオリティ・ストック化という概念は、一朝一夕に着想されたものではない。編者の林が一九八四年から八五年にかけて北イングランドのリーズに居住した時から、所得水準では日本の方が高くなっていたにもかかわらず、なぜ英国のクオリティ・オブ・ライフが高く感じられるのか、と疑問に思ったことに端を発する。爾来、「ストック化」と呼んできたが、他人にはうまく伝わらなかった。国際交通安全学会の研究プロジェクトだけでなく、それに先立つ、また、それを受け継ぐ研究プロジェクト[*2、*3]の成果をつなぎ、そして、二〇〇六年になってようやくたどり着いた言葉が、「クオリティ・ストック」なのである。多くの研究者や学生らの全体知として生み出されたものである。これらの研究プロジェクトを支えていただいた多くの方々、とりわけ、国際交通安全学会の研究調査企画委員会委員長であった武内和彦教授および喜多秀行教授、事務局として辛抱強く支えていただいた奈良坂伸・今泉浩子の両氏、原稿の編集作業を手伝っていただいた名古屋大学戸川卓哉研究員、および鹿島出版会出版事業部の橋口聖一氏に深謝の意を表し、本書のあとがきとする。

二〇〇九年八月
土井健司

＊1　中村英夫「土木事業の行くえ」『土木学会誌』Vol.94, No.2, p.43, 2009
＊2　科学研究費基盤研究（A）「人口減少・少子高齢化時代における地方都市の双対型都市戦略に関する研究～郊外からの計画的撤退と中心市街地の再構築」二〇〇四～二〇〇六年度（代表＝林 良嗣）
＊3　環境省地球環境研究総合推進費E-072「持続可能な国土・都市構造への転換戦略に関する研究」、二〇〇七～二〇〇九年度（代表＝林 良嗣）

索引

執筆者一覧（五〇音順、二〇〇九年七月現在）

石川幹子《いしかわ・みきこ》 【1—4、3—4、4—3】

東京大学大学院 工学系研究科 教授、慶應義塾大学 政策・メディア研究科 教授、農学博士
専門———都市環境計画、ランドスケープデザイン
一九四八年　宮城県生まれ
一九七二年　東京大学農学部卒業
同　年　長銀不動産株式会社入社
一九七六年　ハーバード大学デザイン系大学院ランドスケープ・アーキテクチュア専攻修士課程修了
同　年　株式会社東京ランドスケープ研究所設計室主幹
一九九四年　東京大学大学院農学生命科学研究科博士課程修了、
同　年　東京都立大学都市研究所研究員
一九九七年　工学院大学工学部建築学科特別専任教授
一九九九年　慶應義塾大学環境情報学部教授
二〇〇七年　東京大学大学院工学系研究科教授。現在に至る
主な著書　『都市と緑地—新しい都市環境の創造に向けて』岩波書店、『流域圏プランニングの時代—自然共生型流域圏・都市の再生』（編著）技報堂出版、『都市建築のビジョン』（共著）日本建築学会、『公共空間としての都市』（共著）岩波書店、『二一世紀の都市を考える—社会的共通資本としての都市2』（共著）東京大学出版会、『東京再生 Tokyo Inner City Project』、庭園都市江戸・東京』（共著）学芸出版社

加知範康《かち・のりやす》 【1—3、5—2（2）】

財団法人豊田都市交通研究所 研究員、博士（環境学）
専門———土地利用計画
一九七五年　愛知県生まれ
二〇〇一年　名古屋大学工学部土木工学科卒業
二〇〇七年　名古屋大学大学院環境学研究科博士課程後期課程修了
同　年　名古屋大学大学院環境学研究科研究員
二〇〇九年　財団法人豊田都市交通研究所研究員

加藤博和《かとう・ひろかず》　【1—1、1—2、1—3、5—2、5—3】

名古屋大学大学院 環境学研究科 准教授、博士(工学)

専門———交通・環境計画、ライフサイクルアセスメント、地域公共交通戦略

一九七〇年　岐阜県生まれ
一九九二年　名古屋大学工学部土木工学科卒業
一九九七年　名古屋大学大学院工学研究科博士課程後期課程修了
同　　年　名古屋大学大学院工学研究科助手(地圏環境工学専攻)
二〇〇一年　名古屋大学大学院環境学研究科助教授(都市環境学専攻)
二〇〇七年　名古屋大学大学院環境学研究科准教授(都市環境学専攻)

主な著書　『都市交通と環境 課題と政策』(共著)運輸政策研究機構、『地球環境と巨大都市』岩波講座「地球環境学」第八巻(共著)岩波書店、『建設のＬＣＡ』(共著)オーム社、『ＬＣＡの実務』(共著)産業環境管理協会、『地球温暖化と日本 第3次報告—自然・人への影響予測』(共著)古今書院

紀伊雅敦《きい・まさのぶ》　【1—1、4—2(4)、(5)】

財団法人地球環境産業技術研究機構 システム研究グループ 研究員、博士(工学)

専門———都市・交通計画

一九七二年　生まれ
二〇〇〇年　東京工業大学大学院理工学研究科博士後期課程修了
財団法人運輸政策研究機構研究員、財団法人日本自動車研究所研究員を経て、二〇〇八年より現職

主な著書　『都市交通と環境：課題と政策』(分担執筆)運輸政策研究機構、『環境対応進化する自動車技術』(分担執筆)日刊工業新聞社、『自動車の技術革新と経済厚生』(分担執筆)白桃書房

杉山郁夫《すぎやま・いくお》　【3—1、4—1】

株式会社日建設計シビル 理事・技師長、博士(環境学)
名古屋大学大学院工学研究科 Directing Professor、神戸大学大学院市民工学研究科 非常勤講師

専門———都市環境計画、都市基盤計画

一九五一年　生まれ
一九七五年　名古屋大学工学部土木工学科卒業
一九七五年　株式会社日建設計入社
二〇〇三年　名古屋大学大学院環境学研究科博士後期課程修了

二〇〇七年　日建設計シビル理事
主な著書　『地下都市は可能か』（共著）鹿島出版会、『環境負荷低減型 土木構造物設計ガイドライン』（共著）土木学会、『人口減少下の社会資本整備』（共著）土木学会、『新領域土木工学ハンドブック』（共著）朝倉書店、『建築の発展と制御 第二巻 緑地・公共空間と都市建築』（共著）日本建築学会、など

鈴木 隆《すずき・たかし》　【3―3】

獨協大学外国語学部フランス語学科教授、工学博士、Docteur
草加市都市計画審議会会長・景観審議会会長
専門―――都市史・都市計画史・都市論
一九四七年　東京都生まれ
一九七〇年　東京大学教養学部教養学科卒業
一九七三年　東京大学工学部都市工学科卒業
一九七七年　フランス政府給費留学生としてパリに留学
一九八一年　フランス国立社会科学高等研究院第三課程博士課程修了（都市研究専攻）
一九八三年　東京大学工学系研究科博士課程都市工学専門課程修了
　獨協大学専任講師・助教授、東京工業大学大学院理工学研究科兼任講師、千葉大学兼任講師を経て、現在に到る。
主な著書　『パリの中庭型家屋と都市空間』中央公論美術出版（日本不動産学会賞著作賞・都市住宅学会賞著作賞受賞）、『ピエール・ル・ミュエ「万人のための建築技法」注解』中央公論美術出版、『都市建築の形』（共著）日本建築学会、『都市をつくった巨匠たち』（共著）ぎょうせい、『分権社会と都市計画』（共著）ぎょうせい、『現代の都市法』（共著）東京大学出版会、『協議型まちづくり』（共著）学芸出版、『La maitrise de la ville』（共著）Ed.EHESS、など

土井健司《どい・けんじ》　【あとがき、3―2、3―5、4―1、4―2、5―1（3）】

香川大学 工学部 安全システム建設工学科 教授
専門―――社会基盤計画学、都市計画学、環境政策シミュレーション
一九八四年　名古屋大学工学部卒業
一九八六年　名古屋大学大学院工学研究科博士前期課程修了
一九八九年　名古屋大学大学院工学研究科博士後期課程修了
同　　年　名古屋大学工学部助手
一九九一年　東京工業大学工学部講師
一九九四年　東京工業大学情報理工学研究科助教授

一九九八年　フィリピン大学国立交通研究センター客員教授
二〇〇一年　香川大学工学部教授
主な著書　『都市の地下空間—開発・利用の技術と制度』（共著）鹿島出版会、「新領域土木工学ハンドブック」（共著）朝倉書店

中西仁美《なかにし・ひとみ》　【3—5】

CSIRO Sustainable Ecosystems. Research Scientist、博士（工学）
専門———都市計画、交通計画、コミュニティデザイン
一九九九年　大阪府立大学経済学部経済学科卒
二〇〇六年　香川大学大学院工学研究科博士後期課程修了
豊橋技術科学大学建設工学系助手、シドニー大学客員研究員（二〇〇七年）を経て、
二〇〇八年　七月よりオーストラリアCommonwealth Scientific and Industrial Research Organisation（CSIRO） Research Scientist

西谷　剛《にしたに・つよし》　【2章、補章】

國學院大學法科大学院 教授（行政法専攻）、博士（法学）
専門———計画行政法
一九三九年　生まれ
建設省、内閣法制局、国土庁などを経て、
一九九三年　横浜国立大学大学院国際社会科学研究科教授
二〇〇四年　國學院大學法科大学院教授
主な著書　『実定 行政計画法』有斐閣

林　良嗣《はやし・よしつぐ》　【まえがき、序章、1—3、5—1（1）、（2）、5—3】

名古屋大学大学院 環境学研究科 教授（交通・都市国際研究センター長）、工学博士
日本学術会議連携会員、国土審議会特別委員、中央環境審議会臨時委員、世界交通学会理事・国際学術委員長、上海交通大学客員教授
専門———都市持続発展論
一九五一年　生まれ
一九七九年　東京大学大学院工学系研究科博士課程修了

一九八二年　東京大学工学部助手・講師、名古屋大学工学部講師を経て、
一九九二年　名古屋大学大学院工学研究科教授（地圏環境工学専攻）
二〇〇一年　名古屋大学大学院環境学研究科教授（都市環境学専攻）
主な著書　『都市交通と環境：課題と政策』（共編著）運輸政策研究機構、『新領域土木工学ハンドブック』（共編著）朝倉書店、『地球環境と巨大都市』岩波講座「地球環境学」第八巻（共編著）岩波書店、『都市の地下空間―開発・利用の技術と制度』（共編著）鹿島出版会、など

森本章倫《もりもと・あきのり》　【1―2、4―2（2）、（3）】

宇都宮大学大学院 工学研究科 准教授、博士（工学）
専門――都市計画
一九六四年　生まれ
一九八七年　早稲田大学理工学部卒業
同大学大学院理工学研究科修士課程・博士課程を経て、
一九九一年　早稲田大学理工学部助手
一九九四年　宇都宮大学工学部助手
一九九七年　マサチューセッツ工科大学（MIT）客員研究員
一九九九年　宇都宮大学工学部助教授
主な著書　『明日の都市交通政策』（共編著）成文堂、『交通工学ハンドブック』（共編著）丸善、『コミュニティバスの導入ノウハウ』（共編著）現代文化研究所、など

都市のクオリティ・ストック

土地利用・緑地・交通の統合戦略

二〇〇九年九月二〇日　第一刷発行

編著者　林 良嗣・土井健司・加藤博和＋国際交通安全学会 土地利用・交通研究会

発行者　鹿島光一

発行所　鹿島出版会　〒一〇七-〇〇五二 東京都港区赤坂六-二-八　電話 〇三（五五七四）八六〇〇　振替 〇〇一六〇-二-一八〇八八三

装幀　伊勢功治

組版　高木達樹（しまうまデザイン）

印刷・製本　三美印刷

ISBN978-4-306-07271-8　C3052　Printed in Japan　

本書の内容に関するご意見・ご感想は下記までお寄せください。　http://www.kajima-publishing.co.jp　info@kajima-publishing.co.jp